复杂环境应力作用下
矿山岩体响应特征及其致灾机制

李树建　李小双　李启航　朱　淳　著

科学出版社

北京

内 容 简 介

本书详细介绍露天非金属矿山转地下开采技术的研究与试验探索，全书共 10 章，包括复杂环境应力作用下露天矿边坡灾变机制研究现状、工程概况和边坡岩体物理力学性质试验、含水状态下裂隙边坡岩体变形破坏特征、开挖卸荷过程中露天裂隙边坡岩体变形破坏特征、孔隙水压与采动卸荷对岩体宏观变形和强度的影响效应、磷矿层群采场应力分布规律、采场应力对深部磷矿软岩巷道围岩稳定性的影响分析、深部磷矿软岩巷道围岩控制理论及方法、现场工业试验、结论与展望。

本书可供从事非金属矿山开采的工程技术人员、科研人员和管理人员阅读，也可供相关领域的工程技术人员和高等院校有关师生参考。

图书在版编目（CIP）数据

复杂环境应力作用下矿山岩体响应特征及其致灾机制 / 李树建等著. —北京：科学出版社，2025.1

ISBN 978-7-03-076762-2

Ⅰ. ①复… Ⅱ. ①李… Ⅲ. ①矿山-岩体应力-灾害防治-研究
Ⅳ. ①TD327

中国国家版本馆CIP数据核字（2023）第202013号

责任编辑：李　雪　李亚佩 / 责任校对：王萌萌
责任印制：师艳茹 / 封面设计：无极书装

科学出版社 出版
北京东黄城根北街 16 号
邮政编码：100717
http://www.sciencep.com
北京天宇星印刷厂印刷
科学出版社发行　各地新华书店经销
*
2025 年 1 月第　一　版　开本：720×1000 1/16
2025 年 1 月第一次印刷　印张：12 1/4
字数：244 000
定价：128.00 元
（如有印装质量问题，我社负责调换）

序

地质灾害大多与边坡相关，如滑坡、山崩、坠石和泥石流等灾害，都是直接危害人民生命财产的重大自然灾害，因此边坡工程的灾变失稳机制与稳定性研究一直是国内外研究的重点工作。由于受地质条件多样性、水文条件多样性及荷载条件多样性等多方面的影响，边坡工程处于一个复杂的孕灾环境中，因此边坡失稳破坏问题是一项集复杂性、高度不确定性及动态变化特性于一体的系统性问题，涉及面广、涵盖内容多。

我国地域辽阔，地形地貌多样，地质条件复杂，其中矿山面积约为我国山地总面积的 2/3，而云南省的金属矿山分布尤为广泛。据不完全统计，我国已发生滑坡约 46 万个，其中影响较大的灾难事故性滑坡约 2.1 万个，每年滑坡和泥石流灾害将会导致近千人死亡，经济损失近 60 亿元。2021 年，我国共发生 25794 起地质灾害，造成的直接经济损失达 58.4 亿元。对露天与地下复合采动卸荷环境，同时承受强降雨入渗作用的高陡岩质边坡裂隙岩体的变形破裂演化特征、流变力学特性、工程稳定性演化机制及多场互响应特征开展系统深入的研究，有助于从理论上揭示复杂环境应力(地表强降雨入渗渗流场、深凹露天或露天转地下采动卸荷应力场耦合作用)长期作用下裂隙高陡岩质边坡失稳的渐进破坏机理。

矿业是国民经济稳定发展与国家安全的重要支柱产业，为人类社会提供了基本物质和能源保障。据相关数据显示：地球人均矿产资源消耗量为 3t/(人·a)，人类耗费的总量超过了自然资源的 80%；2018 年全球矿业为人类提供能源、金属和非金属资源达到了 227 亿 t(其中能源、金属、非金属各占 68%、7%、25%)，总产值高达 5.9 万亿美元(其中能源、金属、非金属各占 76%、12%、12%)，相当于全球 GDP 的 6.9%。我国矿产品产量增长迅速，矿业产值占我国 GDP 的比例达到7%，为国家经济社会发展提供了 80%的原材料和 95%的能源资源，在矿产品生产和贸易方面均达到了世界第一。因此，矿业在中国乃至全球经济与社会发展中具有越来越重要的地位，是现代化经济体系中不可替代的基础产业。

"十二五"末期与"十三五"以来，云南滇池、贵州瓮福、湖北胡集等我国露天磷矿主产区的露天磷矿山均进入深凹露天开采阶段，部分矿区甚至已经转入地下开采阶段。特别是占我国露天产磷总量 90%左右与总产量 25%的云南滇池磷矿区，为大型沉积型连续层状矿床，呈缓倾斜、薄至中厚、软夹层的赋存状态。

由于其成矿年代久远、历经多次地质构造与浅部露天采矿作业扰动，局部呈现典型松散体特征，矿体顶板与围岩节理、裂隙发育，属于典型的不稳定岩体类型。其矿山由露天转入地下开采后，矿体上盘附近还矗立有露天开采形成的层状高陡岩质边坡，该类型露天边坡的存在对地下开采工程产生重要影响。

该书在系统理论研究的基础上，以层状岩体高陡岩质边坡及坑底周围岩体与地下采场围岩及其上覆岩体组成的"露井二元复合采动系统"为研究对象，综合应用现场调研、数值模拟试验、相似材料模拟试验及理论分析的研究方法，揭示复杂环境应力（地表强降雨入渗渗流场、深凹露天或露天转地下采动卸荷应力场耦合作用）长期作用下裂隙高陡岩质边坡失稳的渐进破坏机理，对金属矿山边坡的安全管控与稳定性评价具有较强的理论意义和实际应用价值，是我国金属矿山复杂应力条件下露天转地下开采具有较好参考价值的图书。

杜家海

中国化学矿山学会秘书长

2024 年 9 月

前　言

采矿业是提供原料和能源的工程领域,是国民经济的基础。我国冶金矿山80%的矿石量来自露天矿山,露天矿山对我国冶金工业的可持续发展具有重要意义。经过几十年高强度开采,我国绝大多数大中型露天矿山均进入深凹开采阶段,部分矿山已经转入地下开采阶段。"十一五""十二五"期间,随着矿山岩体工程技术与现代化机械设备的快速发展,矿山岩体工程的规模与深度持续快速增长,垂深超过400m、坡面角大于40°的大型高陡岩质边坡不断涌现,边坡安全管理与维护的技术难度空前,复杂地质与外部扰动环境条件下高陡岩质边坡的长期稳定性与安全问题已经成为我国大型矿山深凹露天与露天转地下开采面临的重大难题。

云南省享有"世界磷都"的美誉,且对磷矿资源的开发利用多以深凹露天开采为主。然而,由于云南省40%的国土面积是山地,特别是磷、锡等矿产资源聚集地,山地面积占比高达70%以上,前期复杂多变的强构造运动在给云南省带来丰富矿产资源的同时,也使得矿山的开采技术条件变得复杂多变:多变的矿岩性质、复杂的岩体结构(节理、裂隙等结构面十分发育)、复杂的赋存条件等。同时,矿山的岩体常受到强降雨入渗与露天或者地下矿体采动卸荷扰动作用。因此,复杂环境应力作用下矿山岩体响应特征及其致灾机制亟待深入研究。

本书共10章,第1章为绪论,主要介绍云南省尖山磷矿缓倾斜薄至中厚难采磷矿床深部开采面临的关键技术问题、复杂环境应力作用下露天矿边坡灾变机制研究现状;第2章主要介绍云南省尖山磷矿的地质条件、水文地质条件、边坡工程地质条件和边坡岩体物理力学性质试验;第3章主要介绍露天转地下开采不同含水状态下裂隙边坡岩体的变形破坏特征;第4章通过PFC数值模拟技术模拟了开挖卸荷过程中露天裂隙边坡岩体变形破坏特征;第5章通过PFC,基于不同含水率条件下岩样的标定试验确定PFC细观力学参数,采用CFD模块与PFC进行流固耦合计算,对岩体施加不同孔隙水压力,然后对模型顶面和侧面开挖面施加应力,对不同含水状态下、不同孔隙水压力条件下岩样的力学特性和裂隙演化特征进行分析;第6章研究了声发射凯塞效应测试岩体地应力的原理及方法,并根据测试数据应用弹性力学理论分析了磷矿层群采场应力分布规律;第7章主要展开了采场应力对深部磷矿软岩巷道围岩稳定性的影响分析;第8章主要介绍了深部磷矿软岩巷道围岩控制理论及方法;第9章根据工程实际需要及研究跨上山回采巷道变形破坏的要求开展了现场工业试验;第10章总结了复杂环境应力作用下矿山岩体响应特征及其致灾机制并对未来进行展望。

特别感谢江西理工大学赵奎教授、同济大学蔡永昌教授、重庆大学张东明教授和魏作安教授、重庆科技学院敬小非教授在本书撰写过程中提出的宝贵建议，感谢昆明理工大学王光进教授、江西理工大学的王晓军教授、钟文副教授、耿加波副教授、胡凯建副教授、谢雨霖硕士研究生、王佳文硕士研究生、蔡鸿宇硕士研究生在实验过程中提供的帮助，感谢尖山磷矿的相关领导及工程技术人员在本书出版过程中提供的帮助。

本书近期研究成果及本书的出版得到了国家自然科学基金面上项目(42277154)、国家自然科学基金地区基金项目(41867033)、山东省高等学校"青创人才引育计划"边坡安全管控与灾害预防技术创新团队项目(鲁教科函〔2021〕51号)、贵州省科技计划项目(黔科合支撑〔2022〕一般229)、山东省自然科学基金项目(ZR2022ME188)、国家磷资源开发利用工程技术研究中心开放基金项目(NECP 2022-04)、三峡库区地质灾害教育部重点实验室(三峡大学)开放基金项目(2022KDZ07)以及煤炭资源与安全开采国家重点实验室开放基金项目(SKLCRSM22KF009)的资助，作者在此深表谢意。由于作者水平有限，书中不足之处恳切希望读者予以批评指正。

作　者

2024 年 9 月

目 录

序
前言
1 绪论 ·· 1
  1.1 缓倾斜薄至中厚难采磷矿床深部开采面临的关键技术问题 ·········· 1
    1.1.1 裂隙岩体相当普遍 ·· 1
    1.1.2 强降雨诱发地质灾害情况日趋严重 ···························· 2
    1.1.3 岩体流变现象突出 ·· 2
    1.1.4 岩体复合采动卸荷状况日益增多 ······························ 3
  1.2 复杂环境应力作用下露天矿边坡灾变机制研究现状 ··············· 3
    1.2.1 裂隙岩体破裂演化特征及其机制研究 ·························· 4
    1.2.2 降雨入渗作用下岩质边坡稳定性研究 ·························· 7
    1.2.3 采动应力影响下岩质边坡稳定性研究 ·························· 8
    1.2.4 裂隙岩体流变力学特性研究 ···································· 9
    1.2.5 应力—渗流耦合下裂隙岩体工程稳定性研究 ·················· 10
    1.3 研究内容 ··· 12
2 工程概况和边坡岩体物理力学性质试验 ···························· 14
    2.1 矿区位置、交通状况 ·· 14
    2.2 矿区工程地质条件 ·· 14
    2.2.1 地质条件 ·· 14
    2.2.2 地质构造特征 ·· 15
    2.2.3 矿床构造特征 ·· 17
    2.2.4 矿床构造特征 ·· 18
    2.3 工程岩体稳定性分析 ·· 19
    2.3.1 高边坡岩体变形破坏统计分析 ································ 19
    2.3.2 结构面对边坡岩体稳定性的影响 ······························ 24
    2.4 采场边坡失稳破坏模式分析 ···································· 31
    2.5 边坡岩体物理力学性质试验 ···································· 35
    2.5.1 现场取样 ·· 35
    2.5.2 试样制备 ·· 36
    2.5.3 试验设备及仪器 ·· 37
    2.5.4 试验过程 ·· 38

2.5.5 试验数据整理 ·· 40
2.6 本章小结 ··· 45

3 含水状态下裂隙边坡岩体变形破坏特征 ··· 46
3.1 岩样制备及裂隙预制 ··· 46
3.1.1 试验精度要求 ··· 46
3.1.2 试验步骤 ··· 47
3.1.3 试验仪器设备 ··· 48
3.1.4 含水率测定试验 ·· 52
3.1.5 超声波波速测试 ·· 52
3.2 单轴压缩条件下裂隙岩体力学特性及破裂特征 ······················· 53
3.2.1 不同含水状态下岩样力学特性及裂隙扩展分析 ················· 53
3.2.2 饱和状态下不同裂隙长度岩样的力学特性及裂隙扩展分析 ··· 59
3.2.3 饱和状态下不同裂隙倾角岩样的力学特性及裂隙扩展分析 ··· 64
3.3 本章小结 ··· 69

4 开挖卸荷过程中露天裂隙边坡岩体变形破坏特征 ·· 71
4.1 概述 ·· 71
4.2 开挖卸荷应力路径及试验方案 ··· 71
4.2.1 裂隙岩体模型 ··· 71
4.2.2 开挖卸荷应力路径 ·· 72
4.2.3 开挖卸荷对比试验方案 ·· 72
4.2.4 数值模拟试验方案 ·· 74
4.3 数值试验结果分析 ··· 75
4.3.1 模型伺服及参数标定 ··· 75
4.3.2 加卸载条件下岩样变形特征分析 ·· 76
4.4 本章小结 ··· 88

5 孔隙水压与采动卸荷对岩体宏观变形和强度的影响效应 ································· 91
5.1 孔隙水压与采动卸荷耦合概述 ··· 91
5.2 耦合条件下对比试验方案的确定 ··· 91
5.3 数值试验结果分析 ··· 93
5.3.1 耦合条件下岩样变形特征及裂隙扩展分析 ····························· 93
5.3.2 耦合条件下岩样裂隙演化特征分析 ·· 95
5.4 本章小结 ··· 98

6 磷矿层群采场应力分布规律 ··· 99
6.1 原岩应力的分布规律 ··· 99
6.2 原岩应力测试及计算 ·· 101

　　　　6.2.1　原岩应力测试原理 ·· 101
　　　　6.2.2　取样、试件制备及试验 ·· 103
　　　　6.2.3　试验成果整理 ·· 106
　　6.3　采场应力分布规律 ·· 108
　　　　6.3.1　数值软件简介 ·· 108
　　　　6.3.2　数值模型建立 ·· 111
　　　　6.3.3　初始应力场分布 ·· 113
　　　　6.3.4　首采磷矿层(2#磷矿层)应力分布规律 ··················· 114
　　　　6.3.5　重复一次(3#磷矿层)开采应力分布规律 ··············· 118
　　　　6.3.6　重复二次(8#磷矿层)开采应力分布规律 ··············· 119
　　　　6.3.7　倾斜方向磷矿层应力分布规律 ···························· 120
　　　　6.3.8　磷矿层底板应力分布规律 ·································· 122
　　6.4　本章小结 ··· 127
7　采场应力对深部磷矿软岩巷道围岩稳定性的影响分析 ············· 129
　　7.1　停采磷矿柱合理尺寸 ·· 129
　　7.2　软岩巷道受重复采动影响围岩稳定性分析 ······················ 132
　　　　7.2.1　数值模型的建立 ·· 132
　　　　7.2.2　重复采动下巷道围岩变形规律 ···························· 135
　　　　7.2.3　重复采动下巷道围岩应力分布规律 ····················· 137
　　　　7.2.4　重复采动下巷道围岩屈服区分布 ························· 141
　　　　7.2.5　重复采动下围岩剪应力分布 ······························· 143
　　7.3　巷道受工作面垂直距离的影响 ·· 145
　　7.4　巷道受工作面水平距离的影响 ·· 146
　　7.5　本章小结 ··· 147
8　深部磷矿软岩巷道围岩控制理论及方法 ······························· 148
　　8.1　围岩控制理论 ·· 148
　　　　8.1.1　巷道围岩控制原理 ·· 148
　　　　8.1.2　软岩巷道支护原则 ·· 149
　　　　8.1.3　现有上山在布置、支护方面存在的问题 ··············· 149
　　8.2　预应力锚杆锚索支护"双拱"理论 ··································· 149
　　　　8.2.1　锚杆组合拱理论 ·· 149
　　　　8.2.2　预应力锚索加固拱理论 ······································· 155
　　　　8.2.3　预应力锚杆锚索"双拱"理论 ···························· 158
　　8.3　受采动影响的软岩巷道支护设计 ···································· 159
　　8.4　本章小结 ··· 164

9 现场工业试验···165
　9.1　测区布置及测站安设···165
　9.2　测试结果···166
　　9.2.1　顶底板及两帮收敛分析··166
　　9.2.2　支护效果分析··169
　9.3　本章小结···170
10 结论与展望···171
　10.1　结论···171
　10.2　展望···173

参考文献···175

1 绪 论

1.1 缓倾斜薄至中厚难采磷矿床深部开采面临的
关键技术问题

2000 年以来我国矿产资源开发势头迅猛，开发了大量的矿山。特别是在我国西南地区，作为我国磷矿的主要生产地，如何安全高效开采对我国的磷矿工业的发展具有重要的意义。常规的磷矿山开采方式主要有两种，即露天开采和地下开采[1]。经过几十年的露天开采和日渐增强的机械化程度，大多数露天矿山已经被开采完毕。露天开采安全性高、前期投资少、开采成本低、损失贫化率低等一系列优点正在逐步丧失，而且随着开采深度的增加，剥采比逐渐增大，而且露天深凹坑底与陡峭的边坡，极大地增加了矿山的开采难度，降低了开采的安全性，同时增加了矿石的开采成本。因此，传统的露天开采模式正逐渐向露天转地下开采模式过渡，并成为当前矿山发展的必要模式。

云南省是我国矿产种类最齐全的省份之一，素有"有色金属王国"和"磷化工大省"之称。全省共发现矿产多达 157 种。固体矿产保有资源量居全国前 10 位的有 82 种，居前 3 位的有 31 种。"十二五"末期以来，随着我国浅部磷矿资源逐步开采殆尽，我国露天磷矿主产区云南滇池地区、贵州瓮福地区、湖北胡集地区的露天磷矿山逐步进入深凹露天开采阶段，部分矿区(贵州穿岩洞磷矿、湖北黄麦岭磷矿、云南没租哨磷矿)甚至已经转入地下开采阶段[2]。特别是占我国露天产磷 90%左右与占磷总产量 25%的云南滇池地区的磷矿，其成矿年代久远、历经地质构造活动频繁、地处云南高原滇池周边这一重要生态敏感区域，为大型沉积型连续层状矿床，呈缓倾斜、含软夹层、薄至中厚的赋存状态，埋藏深度为 50～400m 的近浅埋矿床历经多次地质构造与浅部露天采矿作业扰动，呈现典型的松散体特征，矿床顶板与围岩节理。裂隙发育，属于典型的不稳定岩体类型。同时，针对云南省磷矿的岩体常受到南方"梅雨季节"2～3 个月的强降雨入渗与露天或者地下矿体采动卸荷扰动作用。因此，复杂环境应力作用下矿山岩体响应特征及其致灾机制亟待深入研究。这些复杂条件导致云南省的非金属矿山在开采过程中普遍存在以下几个现象。

1.1.1 裂隙岩体相当普遍

云南省地质构造复杂，绝大多数磷资源矿体属于构造成矿，长期的强烈构造运动使得矿岩体的各种原生断层、节理、裂隙等结构面非常发育。同时，多数矿岩受到露天爆破、机械开挖、风化等外部工程力的长期频繁作用，次生裂隙进一步发展，给露天高陡边坡稳定性控制带来严峻挑战。以云南磷化集团有限公司(以下简称云天化集团)尖山磷矿为例，位于昆明市西山区海口工业园区内，交通便利，均有公路、铁路与全国相连。矿区地层岩性主要为前震旦系浅变质岩系，局部山沟、山坡有零星第四系残坡积和冲洪积层分布。矿区处于隆起与凹陷交接的脆弱地带，构造条件复杂，历史上岩浆活动强烈，边坡岩体内部原生裂隙发育，平均裂隙密度达 5m/条，局部地段达 1m/条。此外，经过近二十年的高强度开采，尖山磷矿现已形成最终垂深 300～500m、坡面角 40°～55°的大型高陡岩质边坡[3]。截止到目前，尖山磷矿已形成具有 100 万吨/年开采能力的大型绿色矿山。经长期露天爆破、机械开挖、风化活动等人工与自然因素的作用，在高陡岩质边坡岩体内产生了大量的次生裂隙，进一步破坏了边坡岩体的完整性(图 1.1)。

(a) 裂隙岩质边坡　　　　　　　　　　　(b) 垂深超400m的高陡岩质边坡

图 1.1　尖山磷矿裂隙高陡岩质边坡

1.1.2　强降雨诱发地质灾害情况日趋严重

云南省位于中国西南部，属于亚热带高原季风型气候，其立体气候特点显著，类型众多、年温差小、日温差大、干湿季节分明，同时具有寒、温、热(包括亚热带)三带气候的特点。特别是滇池周边山区等磷矿资源集聚带是云南省多雨区之一，"十二五"以来，在夏秋呈现出降雨时间长、降雨强度大的特点，仅 2020 年在晋宁、海口、昆阳、尖山等多个矿产资源富集区，因"夏秋期间强降雨导致的矿山边坡滑坡、山体重大坍塌事故多达数十起，直接经济损失数亿元(图 1.2)。

1.1.3　岩体流变现象突出

云南磷化集团是云南省的龙头企业，为云南省乃至全国的经济建设做出了非

(a) 强降雨导致大型山体边坡滑动破坏　　　　　　　(b) 强降雨导致公路边坡岩体崩落破坏

图 1.2　强降雨诱因下云南省山体滑坡灾害的发生

常大的贡献。云南省众多磷矿经长时间的大规模开采，形成了一些垂深超 300m、坡面角超 45°的大型高陡岩质边坡。以尖山磷矿、晋宁磷矿和昆阳磷矿等为代表的云南磷化集团主力生产矿山，长期现场工程实践表明，即使对于砂岩、白云岩等硬脆性岩体，由于其受到大量节理、裂隙的切割，在开挖卸荷以及降雨渗流场长期作用下也会产生明显的流变变形，部分地段的流变量达 1m 之多[4]。

1.1.4　岩体复合采动卸荷状况日益增多

随着浅部矿产资源的日渐枯竭，云南磷化集团等云南省主要化学矿业公司的部分主力矿山将要面临(尖山磷矿、晋宁磷矿)、正在经历(昆阳磷矿二矿)露天转地下开采阶段。矿山边坡岩体经历露天开采活动与地下开采的复合采动卸荷影响，这种时间与空间的不同步对应关系，使得复合采动卸荷下边坡破坏机理更加复杂。

因此，对这种身处露天与地下复合采动卸荷环境、同时承受强降雨入渗作用长期影响下的裂隙高陡岩质边坡的破裂失稳演化机制及时间效应进行深入研究，不仅是对矿山安全正常生产的有效保证，更可据此提出切实可行、经济合理的防控措施，确保矿山边坡在其服务期内安全与稳定，而且也是对矿山岩体力学学科理论的进一步丰富和完善。同时，相关研究成果对具有相同或者类似情形的矿山裂隙高陡边坡的安全维护与灾害防控也具有重要参考价值。

1.2　复杂环境应力作用下露天矿边坡灾变机制研究现状

国内外无数次的岩体工程实践和大量的试验研究表明，岩体工程的失稳破坏是在环境应力(包括地应力、地表强降雨入渗与地下水渗流、露天或者地下开挖卸荷及其耦合相互作用)下，原有节理、裂隙面的演化、扩展和贯通造成的。例如，法国 Malpasset 大坝的失稳破坏是在地下水长期渗流作用下坝基片麻岩中的微裂纹再扩展所致；意大利 Vaion 大滑坡与我国三峡奉节段大滑坡和秭归千将坪特大滑坡均与强降雨入渗使岩体裂隙扩展有关。近年来，随着我国现代化建设事业与岩体工程技术的迅猛发展，水利、矿山、交通、铁道、能源等领域的基础设施建设进入高速发展期，岩体工程的规模和深度都在不断增长，出现了一大批规模宏大、地质条件极为复杂的重大工程，已建与在建的锦屏一级、二级水电站大坝最大高度超过 300m，整体坡度超过 35°；本钢集团南芬露天铁矿三期工程露天矿山岩质边坡设计最大垂深超 500m，整体坡度超过 35°；江铜集团德兴铜矿三期工程露天矿山岩质边坡设计最大垂深达 700m，整体坡度超过 40°。这些重大工程项目的兴建，极大地激发了国内外科研工作者对复杂环境应力下裂隙岩体工程(特别是裂隙高陡边坡工程)的稳定性、安全及时间效应的研究热情，并取得了较为丰富的研究成果。

1.2.1　裂隙岩体破裂演化特征及其机制研究

天然岩体是自然界的产物，在漫长的历史形成过程中，经受了各种复杂的地质作用，内部广泛存在着规模不等、产状不同、性质各异的各类结构面即不连续面。一般地，将岩体工程中的次要不连续面，如节理、片理、割理等小尺寸的地质构造统称为裂隙。裂隙的存在使得岩体强度显著降低、延性明显增大，在宏观上呈现出不连续、非均匀、各向异性、高度非线性的复杂特点。裂隙岩体力学响应特征呈现出低抗拉、软化、蠕变、剪胀、脆韧转化、尺寸效应等复杂的力学特性。裂隙岩体变形破坏过程是一个多尺度损伤(细观水平的裂隙与微观水平的微裂纹)演化与宏观非弹性变形耦合作用的过程，裂隙的扩展、汇合和贯通是岩体变形局部化破坏和失稳的前兆，在很大程度上决定着岩体工程的稳定性。为了更好地掌握裂隙岩体有别于完整岩石的力学特性和失稳机理，国内外众多研究人员开展了许多颇有成效的研究工作，从目前的研究内容看，针对该问题研究主要集中在以下几个方面。

一是对含小尺寸(试件尺寸)割理、层理等裂隙岩体，基于断裂力学理论，借助高分辨率数码相机、扫描电镜与 CT 扫描机等先进仪器设备，通过模型材料(类岩石材料)或者真实岩石材料的室内单轴、双轴和三轴压缩试验以及直接剪切试验，对不同条件(岩桥倾角、裂隙间距、裂隙长度、裂隙数目、裂隙倾角与裂隙贯通度)、不同应力(加载、卸载)下的岩体裂隙(裂纹)扩展演化与扩展机理进行研究。Wong 等[5]研究了含三维边裂纹 PMMA 试样和大理岩样的裂纹扩展试验，试验发现预置裂纹尖端含有翼裂纹与包裹型(Ⅲ型)裂纹，裂纹扩展长度取决于裂纹深度、倾角和试样材料性质。Prudencio 和 Van Sint Jan[6]进行了非贯通预制裂隙模型的常规三轴试验，结果表明试验岩样具有共面破坏、渐近破坏和旋转破坏三种破坏模式，且产生共面破坏和渐近破坏的岩样强度较高，但延性变形较大。Park 和 Bobet[7]开展了单轴压缩下预制裂纹石膏试样的裂纹扩展试验，研究表明裂纹类端有翼裂纹、共线裂纹和剪切斜裂纹产生。Amann 等[8]对泥页岩在超固结、不排水条件下开展了三轴压缩试验，系统研究了脆延性转化压力条件下裂隙发展规律。张波等[9]研究了含交叉多裂隙岩体在单轴压缩下的力学性能，结果表明含等长多裂隙试件的峰值强度及试件破坏所需外力功都低于含单一裂隙试件；含单一裂隙试件破坏面为剪切裂隙，含交叉多裂隙试件破坏面以张拉裂隙为主。

黄彦华等[10]通过不同围压下常规三轴压缩试验，详细分析了完整及断续不平行双裂隙类岩石材料的应力-应变曲线、强度和变形参数以及破裂模式。马永尚等[11]利用三维数字图像相关技术(3D-DIC)得到了含孔洞岩石破坏过程中岩石表面裂隙的产生、扩展及相互连通的演化过程。熊飞等[12]通过单轴压缩试验，研究了两条相交裂隙分布方向角和夹角对砂岩强度、变形及破裂演化特征的影响。陈新等[13]通过单轴压缩试验，研究了节理间距和节理倾角对岩体破碎特征的影响。申艳军等[14]对不同角度裂隙岩体在冻融循环作用下的局部化损伤效应进行分析，并结合断裂力学应力叠加理论，验证了因局部化损伤效应造成的裂隙端部断裂特性及扩展路径规律。管俊峰等[15]基于断裂韧度与拉伸强度，建立了可描述塑性—准脆性—脆性特性的完整的岩石材料破坏预测模型。此外，通过几何相似试件、非几何相似试件、几何相似与非几何相似试件组合的试验，证明了所建立的理论与模型适用于岩石材料的真实断裂参数确定以及断裂破坏预测分析。付安琪等[16]利用分离式霍普金森压杆(split Hopkinson pressure bar，SHPB)系统开展固定气压下的循环冲击损伤试验，以制备不同初始损伤程度的一批试样，然后对其进行静态三点弯曲断裂试验，结果表明随循环冲击次数增加，试样内部亚临界裂纹不断萌生并低速扩展，等能量冲击下其动态峰值应力和弹性模量均有所降低。Li 等[17]通过探索开采裂隙的演化规律，揭示了露天转地下开采后上覆岩体的破碎演化规律及工程响应特征。Zhang 等[18]基于声发射(AE)和数字图像相关(DIC)技术，对不同倾角(0°、30°、45°、60°和 90°)双裂隙页岩进行了一系列单轴压缩试验，结果表明随着裂隙倾角的增大，裂隙页岩试件的破坏模式逐渐由拉伸破坏向拉剪破坏转变。

二是对于含有大尺寸(工程尺寸)节理、裂隙的岩体，基于等效连续介质力学的方法与损伤力学原理，通过大型室内地质力学模型试验，在岩体工程尺度水平探求裂隙岩体变形破裂的损伤力学机制。目前相关的研究较少，主要集中于煤炭深部开采领域。刘刚等[19]利用中国矿业大学真三轴巷道平面应变模型试验台研究了断续节理对围岩的变形破坏失稳行为、破裂区的形成和扩展及破裂区大小的影响，研究表明巷道围岩破裂区厚度在平行于节理方向最大、垂直于节理方向最小。袁亮等[20]在"深部巷道围岩破裂机理与支护技术模拟试验装置"进行了模拟试验，系统研究了深部巷道围岩在最大初始开洞荷载与洞室轴线平行作用下直墙拱顶试验的破坏形态和机理，结果显示硐室在较大的轴向压应力持续作用下，拉伸破坏过程不断重复出现，就会形成交替的破裂区域和未破裂区域，即分层破裂现象。张绪涛等[21]以淮南矿区丁集煤矿的深部巷道为工程背景，利用模型相似材料和高地应力真三维加载模型试验系统，首次开展了带有软弱夹层的层状节理岩体的真三维地质力学模型试验。钟志彬等[22]考虑压剪应力作用下贯通性节理充填物中沿节理方向的裂隙对节理岩体断裂特性的影响，制取含不同长度初始裂隙的充填砂浆节理岩体试样，在单轴压缩作用下研究含裂隙充填节理岩体的压剪断裂机制及初始裂隙尺寸对节理岩体破裂模式和断裂能的影响规律。刘波和杨亚刚[23]运用等效岩体技术及 3DEC 程序，建立基于离散裂隙网络—离散元耦合方法的等效岩体模型，并构建反映工程岩体节理分布特征的多尺度等效节理岩体计算模型；通过对多尺度等效节理岩体计算模型进行单轴压缩试验，获取岩体峰前及峰后的力学性质，分析节理岩体的尺寸效应、各向异性、表征单元体及等效岩体力学参数。Geng 等[24]采用房柱法进行三阶段开采，以云南省尖山磷矿为依托背景，通过相似物理模型实验并辅以 MatDEM 数值模拟技术，揭示了采场围岩的裂隙演化变形特征。

三是基于断裂力学与损伤力学的基本原理，采用等效连续介质力学(岩体代表性体积单元 REV)与离散介质力学的方法，通过数值模拟软件对裂隙岩体各种不同条件(不同的岩桥倾角、裂隙间距、裂隙长度、裂隙数目、裂隙倾角与裂隙贯通度)、不同荷载条件下岩石材料的应力、变形和破裂演化过程进行仿真，揭示裂隙岩体力学行为的损伤机制。Wong 等[25]对单轴压缩下含预制裂隙脆性岩石的破裂机制进行了 RFPA2D 模拟研究，结果显示裂隙长度、裂隙位置及应力相互作用等是裂纹产生扩展和演化的重要影响因素。Yuan 和 Harrison[26]采用 RFPA2D 数值分析软件，对含缺陷岩石材料的裂纹产生、扩展和演化进行了模拟分析，揭示其损伤破裂机制。杨圣奇和黄彦华[27]利用颗粒流 PFC3D 模拟程序，基于双孔洞裂隙长方体砂岩试样单轴压缩试验结果，进行细观参数校准，进一步研究了裂隙倾角对双孔洞裂隙试样力学参数及裂纹扩展特征的影响。Maximiliano 等[28]采用 UDEC2D 软件对单轴压缩条件下含非贯通节理岩样的破裂过程进行模拟分析，研究表明，裂纹的汇集贯通是岩体强度降低与失稳破裂的根本原因。孟凡非等[29]借助 PFC3D 颗粒离散元软件，建立了考虑复杂应力作用的薄基岩模型，分析了原生裂隙长度、覆岩压力和水沙两相作用对裂隙在薄基岩平面横向发育规律的影响，研究发现扩展裂隙发育形态与薄基岩受到覆岩压力的大小和原生裂隙长度有关。郎丁等[30]结合理论分析、数值模拟与现场实测的研究方法，阐述了用损伤力学观点描述顶煤拟连续介质阶段渐进劣化进程的依据，建立了综放采场采动应力演化路径下顶煤的渐进损伤模型，构建了顶煤介态转化临界位置的判定方程。张鸿等[31]将离散元方法(discrete element method, DEM)与计算流体动力学方法(computational fluid dynamic, CFD)进行耦合，建立了煤系土边坡三维 DEM-CFD 流固耦合细观作用计算模型，对降雨作用下煤系土边坡失稳破坏的细观机理进行分析。禹海涛等[32]提出了一种基于 Hoek-Brown 强度准则的非常规态型近场动力学(non-ordinary state-based peridynamics，NOSBPD)弹塑性模型，通过主应力空间的返回映射算法得到给定应变增量对应的应力增量，并给出了相应的增量模型积分算法，为岩石的弹塑性断裂力学行为研究提供有效分析手段。

1.2.2　降雨入渗作用下岩质边坡稳定性研究

降雨入渗是一个典型的非饱和渗流过程，其对边坡的稳定性将产生极大影响，特别是裂隙岩质边坡在强降雨渗入后稳定性将显著降低。雨水渗入岩体后，导致边坡原有非饱和区内部的负孔隙水压力发生变化，根据非饱和抗剪强度理论，负孔隙水压力的降低甚至消失将引起边坡岩体抗剪强度的降低；与此同时，入渗的雨水将导致边坡表层体积含水率增大，形成一个随着降雨不断扩大的饱和区域，由于该区域的形成时间、发展速率、面积、消散方式与多个因素有关，且不断变化，因此将这一随降雨过程不断变化的饱和区域定义为暂态饱和区。该区域的存在将增大此区域内岩体的重度，导致下滑力增加，且增大的岩体体积含水率也将促使岩体强度的软化，加剧降雨对边坡稳定性的不利影响。长期以来，由降雨导致的高边坡滑坡事故占总体数量的 90%以上，降雨特别是持续长时间的强降雨是发生边坡失稳灾害的一个不容忽视的因素。因此，国内外众多学者基于饱和—非饱和土力学理论与饱和—非饱和渗流理论，通过现场实测、数值模拟方法、物理模型试验方法等，对降雨入渗作用下岩质边坡稳定性演化机制开展了一系列卓有成效的研究工作，但相对于土质边坡研究成果来讲，岩质边坡后续的研究成果亟待完善与丰富。

Calvello 等[33]通过对降雨型滑坡系统研究提出降雨型滑坡诱发机理，降雨入渗造成孔隙水压力变化，弱化非饱和层剪切强度，造成滑坡稳定性降低。Jeong 等[34]研究了岩质边坡在降雨入渗下的孔隙水压力变化与岩体稳定性，并得出降雨强度与时间量是边坡失稳最大影响因素。Zhang 等[35]基于 Green-Ampt 模型，分析了无限浅层岩质边坡的稳定性。李龙起等[36]采用叠加喷洒降雨技术和光纤光栅监测技术，开展不同降雨类型及支护条件下顺层边坡的地质力学模型试验，分析雨水入渗对坡体位移、孔压力以及支护结构受力的影响，试验结果表明，在短时间暴雨条件下，坡体稳定性的主要影响因素是超孔压的累聚和消散。乔兰等[37]研究了板岩边坡在降雨入渗情况下的变形特征，试验表明板岩边坡的节理特性、开挖坡比、降雨入渗是板岩边坡失稳的关键影响因素。杨晓杰等[38]以辽宁南芬露天铁矿为工程背景，利用边坡滑动监测系统与降水量实时监测系统得到滑坡与同时期降雨量监测数据，进行降雨与边坡局部失稳滑坡的相关性分析。曾铃等[39]针对降雨入渗形成的边坡内部暂态饱和区的形成与分布受多种因素影响的状况，开展了降雨条件下边坡稳定性研究。Yeh 等[40]采用三维有限元模拟方法，对降雨入渗条件下不同顺层面的边坡稳定性进行了评价，结果表明与缓倾斜层理面相比，陡倾斜层理面的边坡地下水位上升幅度更大，孔隙压力增加幅度更大，安全系数降低幅度更大。Zhang 等[41]研究了降雨条件和裂缝深度对沉积边坡稳定性的影响，同时考虑退化的强度参数，结果表明降雨强度的增大会导致沉积边坡稳定性逐渐降低；另外，随着裂缝深度的增大，裂缝对孔隙水压力分布和边坡稳定性的影响更加明显。Li 等[42]模拟了江西省德兴市高陡岩质边坡在降雨作用下的变形过程，得出了露天矿开采下变形区域的增大与孔隙水压力和含水率的增加呈正相关的结论。

1.2.3 采动应力影响下岩质边坡稳定性研究

岩质边坡的稳定性问题一直是影响矿产资源开发利用、边坡工程防治的重大难题。随着 1949 年后几十年的高强度开采，我国绝大多数大中型矿山已进入深凹露天开采阶段，部分矿山正经历或者已经完成露天转地下开采阶段。矿山进入深凹露天开采阶段或者露天转地下开采阶段，往往形成了一定数量的高陡或者超高陡岩质边坡。这些边坡往往含有节理、裂隙、不连续结构面等软弱夹层，同时经历了爆破、开挖、风化等重复损伤作用，在岩体内部产生了大量深部裂隙与局部破裂，累积到一定程度后，遇到再次露天开挖卸荷或者地下开采扰动，极易发生边坡大规模失稳破坏灾害。基于此观点，众多学者通过数值分析计算、相似材料模拟试验、现场实测、理论分析等研究手段，对深凹露天矿边坡开挖卸荷、地下开采及露井复合采动下露天岩质边坡变形破裂特征及失稳机理等方面进行了不懈探索，并取得较为丰硕的成果。

Richard 等[43]以 Palabra 矿露天转地下崩落法过渡开采下的北侧高陡边帮失稳为背景，应用 3DEC 建立了 7 个模型对其稳定性进行三维模拟分析。常来山等[44]根据 Kawarnoto 损伤张量概念、等效应变原理及断裂力学理论，对安太堡煤矿露井联采条件下的节理岩体损伤演化进行了模拟分析。王东等[45]同时考虑拉伸和剪切两种破坏判据，应用 RFPA 强度折减法对平庄西露天矿露井联采逆倾边坡岩移规律及稳定性进行了数值模拟，揭示了地下开采对露天矿逆倾边坡岩移规律及稳定性的影响和原因。丁鑫品等[46]采用物理模拟与数值分析相结合的方法，分析了平朔矿区采动边坡的变形破坏特征与应力分布规律，揭示了"关键硬岩层"与"关键弱层"耦合作用下采动边坡的变形破坏模式与典型失稳机理。孙世国等[47]以福建紫金山金铜矿为工程背景，系统研究了露井复合采动叠加作用下，边坡岩体的变形与破坏机制。刘姝等[48]根据弹性力学理论计算出岩质斜坡的极限悬臂长度及断裂长度，最后利用实际矿山地质展开了稳定性判断。钟祖良等[49]以贵州普洒山体崩塌为例，通过相似模型试验，研究采动作用下，坡体的地表沉降、内部位移、层间压力变化规律、采动诱发的地裂缝发育情况。研究表明，在地下开采情况下，坡体地表沉降和内部位移随开采宽度增加呈线性增大；当开采宽度约为采高的 16 倍时，地表沉降突增，并伴随裂缝的出现。王孟来等[50]以层状岩质边坡与地下采场围岩及其上覆岩体组成的复合采动系统为研究对象，运用 FLAC[3D] 数值模拟方法和相似材料模拟试验对坡高 300m 的矿山在不同开采阶段下覆岩采动响应应力演化特征、位移变化特征和塑性区分布特征进行了系统研究。

1.2.4 裂隙岩体流变力学特性研究

岩石流变是研究应力、应变状态的规律及其随时间的变化，并根据所建立的本构规律去解决工程实践中遇到的与岩石流变有关的问题。大量室内试验与现场调查表明，对于软岩及含有泥质充填物和夹层破碎带的岩体，其流变特性是非常显著的，即使是比较坚硬的岩体，由于受到多组节理或发育裂隙的切割及渗流场的作用，其流变也会达到较大值。许多重大岩体工程，特别是裂隙高陡岩质工程迫切需要了解岩体流变力学特性，以确保岩体工程在长期运营过程中的安全与稳定。目前，国内外学者对裂隙岩体流变力学特性研究的途径主要集中以下两个方面。

一是从微细观角度出发，以微细观构造的变化与机理来推导整体的流变特性。Dashnor 等[51]采用细观损伤力学理论，建立了一个能描述天然石膏岩长期特性的流变模型。Shao 等[52]基于细观损伤力学理论，将岩石材料内部微观裂纹看成是一个二阶损伤张量，建立了一个能同时考虑微观裂纹二次扩展与损伤岩石材料有效弹性的流变模型。孙金山等[53]在锦屏大理岩室内试验基础上，利用颗粒流应力腐蚀模型(PSC)，建立了能反映其短期和长期强度特征的柱状岩样流变本构模型。邵珠山和李晓照[54]基于翼型裂纹细观模型与裂纹扩展法则，得到了常压应力作用下岩石的裂纹长度演化规律，研究表明，裂纹角度对脆性岩石的力学特性有着重要的影响。陆银龙和王连国[55]依据细观尺度下微裂纹瞬时扩展和亚临界扩展的物理机制，运用损伤力学与断裂力学理论，建立了基于微裂纹演化的岩石细观蠕变损伤本构方程及破裂准则。刘传孝等[56]分析了深井煤岩试验断口上矿物、结构、构造等的细观特征，得到了不同围压下深井煤岩短时分级加载蠕变试验破坏断口的细观构造。邓华锋等[57]结合 SEM 电镜扫描，分析了水-岩作用对砂岩微细观结构的影响，采用 PFC[2D] 离散元软件对水-岩作用下砂岩的劣化过程进行了模拟分析，得到了水-岩作用导致岩石内部颗粒强度和颗粒间黏结强度逐渐劣化，非均匀性增强，破坏模式由典型的张拉破坏逐渐转变为剪切破坏。陈国庆等[58]开展了滑坡相似材料的强度试验、底摩擦模型试验和扫描电镜试验，从宏观和微观角度深入研究滑坡演化力学机制及其非均质特征，研究结果表明滑坡演化过程中存在时间和空间非均质性。

二是从宏观角度出发，根据流变试验结果，采用黏弹性及黏弹塑性理论、损伤与断裂力学理论等，建立新的岩体流变本构模型，进而揭示岩体流变机理。Gasc-Barbier 等[59]对黏土质岩体进行了大量不同加荷方式、不同温度下的三轴蠕变试验，结果表明，应变率和应变大小均随偏应力和温度增高而增大。Shin 等[60]对 6 个日本岩样在不同应力的压缩条件下的蠕变强度与变形特征进行了系统研究。王军保等[61]利用 RLW-2000 岩石流变试验机对盐岩试件进行了三轴压缩分级加载蠕变试验，试验结果表明，盐岩蠕变具有非线性特征，且其非线性程度与蠕变时间和应力水平有关，蠕变时间越长、应力水平越高，非线性程度越高。王宇等[62]为了研究节理、裂隙岩体卸荷流变力学特性，以贯通裂隙岩体为试验对象，进行不同卸荷路径下的流变试验，利用 Burgers 流变模型，建立各参数在不同卸荷路径下的线性函数关系。牛双建等[63]先采用 RMT-150B 型岩石力学试验系统对完整岩样进行单轴峰前屈服、峰后破裂卸载试验，制备出具有不同破裂损伤程度的峰前屈服、峰后破裂的损伤岩样；再采用 RLW-2000 型微机伺服岩石三轴流变仪对其进行单轴蠕变试验，研究其单轴蠕变力学特性。蔡燕燕等[64]分别在裂隙压密阶段、弹性阶段、裂隙稳定扩展阶段和非稳定扩展阶段，分析了不同条件蠕变作用后大理岩强度与变形特性的变化规律。杨超等[65]开展了恒轴压分级卸围压三轴卸荷蠕变试验，研究了裂隙岩体在卸荷状态下的蠕变特征，提出了裂隙岩体损伤蠕变模型。Wang 和 Liu[66]基于损伤力学原理研究了岩石的时效蠕变行为，将损伤演化视为加速蠕变的关键因素，提出了基于损伤的三次蠕变本构规律。Mu 等[67]建立了软岩隧道长期变形破坏计算模型，进一步阐明了岩石隧道的破坏演化过程、破坏和失稳特性，结果表明，侧压系数决定了围岩的长期蠕变和损伤特性，围岩变形速率从大到小表现出较强的时间效应。Zhang 等[68]以鄂尔多斯盆地南部陆相地层的层状页岩为研究对象，从宏观上考虑了层状构造和水化作用的影响，通过压缩试验对板层页岩的力学性质进行了研究。

1.2.5　应力—渗流耦合下裂隙岩体工程稳定性研究

自然界的地质体是多相的、各部分不连续的介质体，这些介质体由于各种地质作用而被分割成性质不同的裂隙岩体。裂隙岩体富含微裂纹、孔隙及节理裂隙等宏观非连续面，它的存在为各种来源的流体(露天降雨或者地下水)提供了储存和运移的场所，流体在岩体中的渗流(即孔隙水压变化)会引起岩体应力的重新分布，而岩体应力的重新分布又将引起岩体中裂隙张开度的变化，加之人类工程等外部强扰动(应力)因素的作用，形成了应力场和渗流场的耦合关系，渗流场(孔隙水压)与应力场相互影响，裂隙岩体的变形与强度等主要力学特性受控于应力—渗流耦合这一复杂环境应力的作用效果。近年来，随着岩体工程技术的快速发展，岩体工程的规模和深度都在不断增长，应力—渗流耦合下裂隙岩体工程稳定性问题越来越突出，逐步成为岩土工程界众多学者关注的热点。Zhao 等[69]探讨了高水压—应力耦合下岩体裂纹的断裂机理与岩体裂纹贯通模式。王瑞等[70]利用COMSOL Multiphysics 软件建立了渗流场与应力场耦合的三维有限元数值模型，计算并分析了正常蓄水情况下坝体和坝基岩体渗流场与应力场耦合作用的应力状态和位移。刘焕新等[71]采用三维有限差数值计算方法对露天高陡边坡的稳定性进行了应力—渗流耦合研究，阐述了地下水渗流—应力耦合下边坡的变形破坏机制。肖维民等[72]通过剪切变形与渗流耦合力学试验，揭示了裂隙岩体结构面在不同应力作用下的剪缩与剪胀机制。谢和平等[73]通过煤岩体采动卸荷—渗流耦合力学试验，分析了三种典型开采方式下煤岩采动力学行为、采动裂隙展布演化规律。王伟等[74]通过在不同围压、孔压和排水条件下的三轴压缩试验，探讨了围压和孔压对砂岩强度特性、变形规律、损伤演化的影响。赵延林等[75]通过自行建立的岩体裂隙渗流—劈裂—损伤耦合理论模型，对高压注水下煤岩体的渗流—劈裂—损伤耦合响应规律进行研究。Tian 等[76]在三维应力作用下裂隙—岩石位移模型的基础上，推导出了单裂隙岩体两侧不同岩性岩石渗透性系数的理论计算模型。Wang等[77]以湖南益阳东部新区山水水库右岸边坡为例，建立了离散裂隙非饱和渗流—应力—损伤场耦合模型；利用可靠度对边坡稳定性进行评价，分析不同随机变量对边坡稳定性的权重，得出内聚力和内摩擦角对边坡稳定性的影响分别较大和较小的结论。Wang 和 Xie[78]基于岩石破裂过程分析系统 RFPA2D-Flow，考虑附加水压的影响，对多个倾角不同的非平行裂隙岩体(在应力—渗流耦合作用下)的断裂破坏过程进行数值模拟，结果表明多个非平行裂隙岩体的断裂强度随着裂隙密度的增大而逐渐降低。

综上不难看出，尽管前人对裂隙岩体破裂演化特征及其机制、降雨入渗作用下岩质边坡稳定性、采动应力影响下岩质边坡稳定性、裂隙岩体流变力学特性等方面的内容展开了许多卓有成效的研究，但纵观现有的研究成果，却存在如下几个问题：一是裂隙岩体变形破裂与失稳破坏演化机制和时间效应方面的研究多针对地下厂房、隧洞、深部矿山巷道与采场围岩等地下工程、水电站库岸、大坝及路堑边坡，而对能源战略重要组成部分的金属矿山开采中的大型高陡岩质边坡研究不多。在我国矿山安全生产形势依然严峻(开采深度快速增加、开采地质赋存条件与开采环境日益复杂)，人民对矿山安全生产呼声越来越高的前提下，针对矿山生产中大型高陡裂隙岩质边坡的变形破裂与失稳破坏演化机制开展研究是非常必要和紧迫的。二是"单点研究多、耦合研究少"。就金属矿山生产而言，日益向深部发展是大势所趋，众多露天矿山逐步进入深凹露天与露天转地下开采阶段，大型裂隙高陡岩质边坡、超高陡边坡逐渐增多，矿山岩体工程地质条件愈加复杂恶劣。对于云南省多数铜、钨矿山而言，经常受到雨水特别是南方梅雨季节的持续强降雨入渗作用，在这种条件下必须充分考虑采动卸荷与强降雨入渗耦合作用下裂隙高陡岩质边坡长期稳定性问题，以保证矿山生产的安全。三是"应力—渗流耦合研究中加载压剪应力居多，卸荷应力少；地下水渗流居多，地表降雨入渗少"。传统的渗流—应力耦合主要针对深部、超深部岩体，其中应力主要为加载应力，渗流主要为地下承压水；而露天高陡边坡在深凹露天与露天转地下开采过程中所经历的多为开挖卸荷作用。四是研究系统性不够。目前的研究多以室内的微细观或岩样尺寸的宏观试验为主，缺乏从微观、细观、宏观，特别是到工程尺度的系统性研究成果。五是"二维研究居多，三维研究较少"，工程岩体三轴荷载下的裂隙演化特征与三向荷载下的大型物理模型试验的研究成果较少，大部分研究在单轴荷载与二维模型试验台开展。

因此，对身处露天与地下复合采动卸荷环境，同时承受强降雨入渗作用高陡岩质边坡裂隙岩体的变形破裂演化特征、流变力学特性、工程稳定性演化机制及多场互响应特征开展系统深入的研究，有助于从理论上揭示复杂环境应力（地表强降雨入渗渗流场、深凹露天或露天转地下采动卸荷应力场耦合作用）长期作用下裂隙高陡岩质边坡失稳的渐进破坏机理。研究成果不仅对金属矿山边坡的安全管控与稳定性评价具有较强的理论意义和实际应用价值，也对岩石力学理论体系具有进一步完善与有益补充。

1.3　研　究　内　容

本书以云南磷化集团尖山磷矿露天转地下开采为工程背景，通过地质调研、现场取样和室内物理力学试验，预制不同含水率、不同裂隙长度和不同裂隙倾角试样进行单轴压缩对比试验，并运用 PFC 数值模拟软件对不同含水率、不同裂隙分布、不同孔隙水压和不同加卸载方式下的试样进行数值计算，分析强降雨入渗—采动卸荷耦合下高陡岩质边坡裂隙岩体的力学特性和裂隙扩展特征，为露天边坡开采和地下围岩支护提供必要的理论支撑。此外，揭示了高应力软岩巷道的变形破坏特征及其受重复采动影响的围岩稳定性控制机理为研究目标，在充分了解试验矿井地质及生产情况的基础上，综合运用室内试验、理论分析和数值模拟手段，从高应力软岩物理力学性质及该类巷道围岩变形破坏特点出发，对该类巷道的变形破坏规律及受重复采动影响的围岩稳定性控制机理进行研究。具体研究内容包括以下几方面。

（1）强降雨入渗—采动卸荷耦合下边坡裂隙岩体的变形破裂演化特征。借助 Phillip XL30W/TMP 型扫描电子显微镜试验系统、MLA650 型矿物参数自动定量分析系统、高能加速器 CT 多场耦合岩石力学试验系统，研究裂隙岩体在强降雨入渗—采动卸荷耦合下的变形破裂（裂隙）演化特征，探索岩体的细观结构、裂隙初始分布特征（单裂隙、平行双裂隙及交叉双裂隙）、含水状态（天然含水状态、饱和含水状态、非饱和含水状态）、孔隙水压及采动卸荷对其宏观变形和强度的影响效应，推导出基于 CT 数的裂隙岩体标量型损伤变量的计算公式，构建裂隙岩体弹塑性损伤本构模型，从细观与宏观试件尺寸尺度揭示强降雨入渗—采动卸荷耦合作用下高陡岩质边坡裂隙岩体的失稳破坏机理。

(2)通过单轴压缩、巴西劈裂和三轴压缩试验，测试不同埋深边坡岩体的力学参数，为后续的数值模拟试验提供理论基础。

(3)预制不同含水状态、不同裂隙长度、不同裂隙倾角试样，并进行单轴压缩试验，分析试样宏观力学参数、全过程应力-应变曲线变化趋势和裂隙破坏特征，阐明含水状态下裂隙岩体变形破坏特征。

(4)通过 PFC 数值模拟软件，对干燥、天然和饱和含水状态下试样进行标定，确定细观参数，对不同开采深度和不同加卸载方案下含裂隙岩体进行数值模拟试验，研究其力学变化特性及变形破坏特征。采用 CFD 模块与 PFC 进行流固耦合计算，对岩体施加不同孔隙水压力，然后对模型顶面和侧面开挖面施加应力，对不同含水状态下、不同孔隙水压力下试样的力学特性和裂隙演化特征进行分析。

(5)应用声发射测试技术测试矿井底板原岩应力。结合数值分析方法研究磷矿层群开采条件下支承压力分布规律以及在底板岩层中的传播规律，并分析磷矿层群采动影响下软岩巷道围岩变形破坏特征与软岩巷道稳定性控制机理。

(6)通过对锚杆组合拱、锚索加固拱理论的研究，围绕软岩巷道围岩松动圈厚度与锚杆组合拱、锚索加固拱厚度之间的关系，建立跨采动压软岩巷道预应力锚杆锚索双拱支护体系。并根据软岩巷道围岩松动圈厚度来确定锚杆组合拱厚度、锚索加固拱厚度及支护相关参数，以此来控制采动影响对软岩巷道围岩的稳定，并把该支护体系应用于矿井巷道支护工程。

2 工程概况和边坡岩体物理力学性质试验

2.1 矿区位置、交通状况

尖山磷矿位于昆明市西山区海口镇，水陆交通条件便利。公路四通八达，海口北至昆明市区 42km，南经昆阳至玉溪 50km，西至安宁市、昆钢 24km，水路可经海口码头直达昆明，铁路可从海口直达昆明。矿区采场边坡全貌见图 2.1。

图 2.1　尖山磷矿地理位置与边坡全貌图

尖山磷矿位于尖山矿区的中部，尖山北坡(图 2.1)即为采场底板岩层出露部位，地貌特征为高山地形，南缓北陡，山麓地形与岩层倾斜方向大体一致，随之起伏。矿区最高峰尖山顶标高 2225.75m，山坡有南北向雨裂、冲沟切割，最低侵蚀基准面标高为 1883.15 m。

矿区年平均降雨量 886.99mm，蒸发量 1903.8mm。最高气温 33.3℃，最低气温-4.5℃，主导风向南西，最大风速 9m/s。年平均湿度 72%，12 月至次年 2 月有霜冻，年平均霜冻期 64～75 天。

2.2 矿区工程地质条件

2.2.1 地质条件

1)地形地貌特征

尖山磷矿矿区地处东西走向构造带香条村背斜的北翼东段，呈单斜形式。露天边坡为一陡倾顺层岩质边坡，边坡东西走向倾向北，边坡产状 351°∠46°，边坡随山形向东、西两侧逐渐降低，边坡沿走向长约 1200m，且自东向西分别由海丰采场与尖山采场构成。

2）地层岩性及其组合特征

区内地质以寒武系下统梅树村组含磷岩系为主，约占 50%以上。由北向南依次出露为寒武系下统梅树村组、震旦系上统灯影组。第四系分布于矿区边缘。

寒武系下统；在矿区内出露有梅树村组，梅树村组为磷矿主要赋存层位。梅树村组共分为三段，自上而下分别是：磷矿层上覆地层、磷矿石赋存层与矿石直接底板岩层。

震旦系上统；是构成香条村背斜的核部地层，出露面积约占全区范围的 40%，出露有上统灯影组。灯影组为灰、灰白色中厚层状细粉晶白云岩，夹硅质白云岩或藻白云岩，厚度大于 460 m。

采场边坡各地层岩性及其组合，见图 2.2。

在采场边坡进行研究的过程中，曾委托矿山工作人员在不同高程段采用钻探方式对深部岩体进行了钻心取样分析。钻孔深度以达到 $\epsilon_1 m^1$ 和 $Z_2 dn$ 接触带为止。三个钻孔间距布置应满足：第一个钻孔能控制在 1910m 以下，第二个钻孔能控制在 1960m 以下，第三个钻孔能控制在 2010m 以下。根据已有的一个钻孔情况看，不论是梅树村组还是灯影组，钻出的岩心均相当破碎（图 2.3），大部分都呈石子状，很难根据岩心质量指标的计算公式求解 RQD，或者即使求出，RQD 值也是相当小，经课题组初步估算，RQD 小于 10%，仅在 7%～8%。

3）工程地质岩组划分

此研究在上述地层岩性及其组合特征的基础上，结合高边坡现场产实际情况，对不同地层岩性进行划分。将磷矿石上覆岩层划分为一个岩体单元，即梅树村组第一段统一作为黑页岩，该地层主要由褐黄色、紫灰色、灰黑色中厚层状粉砂质泥岩组成，为矿山主要的剥离体。将磷矿石层统一为矿体，即梅树村组第二段包含的上矿层、水云母黏土层与下矿层作为一个性质类似的地层岩体。磷矿石直接底板作为一个岩体单元，即砂质白云岩。砂质白云岩下覆地层震旦系上统灯影组作为一个岩体单元，即细粉晶白云岩[79,80]。

2.2.2 地质构造特征

矿区位于香条村背斜北翼东段，地层倾斜北，呈单斜形态，构造较为简单，没有落差大于 30m 的断层。在矿区中段的南部发育有两条与香条村背斜轴线平行的逆断层，将深部地层向上推移，并使矿层重复，向西由于受力较东部弱，除背

年代地层	岩石地层	地层代号	柱状图 1:400	岩性描述
寒武系下统	梅树村组	$\in_1 m^{3-2}$	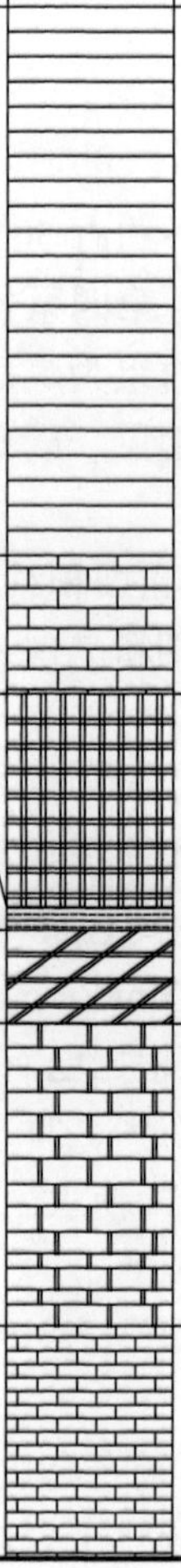	层厚55.1~117.77m,分布于背斜两翼。该地层又分为两层:上部褐黄、紫灰色粉砂质泥岩为主,间夹薄层粉砂岩、黑色泥岩;下部主要为灰黑色中厚层状粉砂质泥岩(俗称黑页岩),局部见黄铁矿散粒、白云石、细脉、褐黄色铁泥质薄膜,矿体上盘大约80%分布着这种岩性;下部由白云质、粉砂泥质、海绿岩、燧石、锰质、磷质组合,为矿层直接顶板,岩性为灰色中厚层状粉砂泥质白云岩。本地层为露天磷矿的主要剥离体
		$\in_1 m^{3-1}$		
		$\in_1 m^{2-1}$		磷矿赋存层位,厚度21.65m,按层位结构分为三层:①上层矿,厚度一般为11.91~14.47m,由白云质粒状磷块岩、粒状磷块岩、生物水屑磷块岩组成。②水云母黏土层,厚度0.58m,是上、下层矿之间的夹层,为十分稳定的主要标志层。③下层矿,厚度一般在8.34~10.37m,最大为16.65m,由致密状磷块岩、条带状磷块岩组成
		$\in_1 m^{2-2}$		
		$\in_1 m^{2-3}$		
		$\in_1 m^1$		下层矿直接底板岩层,岩性为层纹细含磷细晶白云岩、含磷砂质白云岩夹砾状白云岩、燧石条带,厚度均匀,层厚46.75m,其下与震旦系上统灯影组呈整合接触
震旦系上统	灯影组	$Z_2 dn$		灰、灰白色中厚层状细粉晶白云岩,夹硅质白云岩或藻白云岩,厚度大于460m。含燧石条带、团块。中部夹紫、黄绿色粉砂页岩

图 2.2 研究区地层钻孔柱状图

斜逐步展开外,逆断层也在 12#勘探线附近消失。

矿区常见褶皱一般为两种类型:一是矿区西部沿倾斜方向及走向的宽缓褶皱;二是矿区东部强烈挤压产生的牵引褶皱。

区内断裂构造不太发育,仅有两个走向逆断层 F_{1-1} 与 F_{1-2},该断层组的活动使得东采区北部矿体的产状变缓,F_{1-1} 逆断层为采区的主要断裂,总体走向近东西,倾向330°~20°,长1420m,断层面倾角东陡西缓,北盘上升,将深部矿层推向浅部,造成矿层重复,重复断距小于17m;F_{1-2} 逆断层为大致平行于 F_{1-1} 的逆断层,走向东西,倾向340°~360°,倾角49°~60°,长 1020m,北盘上升,矿层重复,垂直断距近 30m。露天边坡地质剖面图见图 2.4。

图 2.3 钻孔效果图

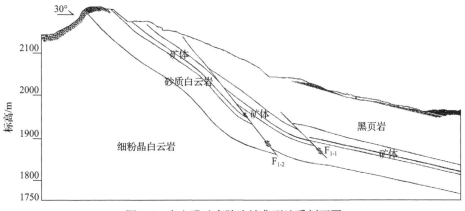

图 2.4 尖山磷矿高陡边坡典型地质剖面图

2.2.3 矿床构造特征

1) 矿层分布

尖山磷矿区属海相沉积层状磷块岩矿床。主要矿层赋存在寒武系下统梅树村组第二段（$\in_1 m^2$）中，根据矿层结构又可分为上矿层（S），下矿层（X），其间分布有一层十分稳定的标志性夹层——水云母黏土层。

尖山磷矿东采区走向近东西，矿层出露部分倾角较陡，近滇池边甚至直立，即 6～15 线倾向 340°～20°，倾角 25°～55°，15 线以东地表 50°～55°，深部 30°～35°，可以明显地看出矿层向深部逐渐变缓。3～12 线矿区中部虽有 F_{1-1}、F_{1-2} 逆断层造成矿层重复，但其产状却没有多大变化。

2）矿层结构及顶、底板

根据区内矿层结构及夹层特征，可将其主要分为上、下矿层。底板地层 $\in_1 m^1$ 在浅部氧化带内，局部可富集构成零星矿体，称底部矿层，但不具工业价值。

上矿层：是全区主要工业矿层分布层位。顶部为砂质、白云质磷矿岩，含生物碎屑磷块岩。中部主要由致密块状、粒状磷块岩、含砂磷块岩组成，是本区 I 级品矿石的主要分布层位。底部有厚约 1～2m，个别达 4m 的低品位矿层，为粉砂、白云质磷块岩或粉砂质白云岩、角砾状磷矿岩等。

夹层：岩性为水云母黏土岩，因其厚度不大，而十分稳固地分布于全区，并位于上、下矿层之间，就其厚度而言，虽然达不到夹石剔除厚度，但却是划分上、下矿层的可靠标志层。但上矿层底部为白云岩时，即与白泥层合在一起增加夹石厚度，除此之外，在 $\in_1 m^2$ 内其他全为矿层。

下矿层：区内的主要工业矿层，顶部有同生角砾状（竹叶状）磷块岩薄层。上部为薄层粉砂质磷块岩夹白云石条带状磷块岩；中、下部以粒状磷块岩、致密磷块岩为主，夹少量白云质磷块岩条带，有时夹硅质磷块岩条带或透镜体，地表风化后显砂状。

顶板：顶板岩性是一套以碳酸盐沉积为主的白云岩。一般厚度 2.43～7.09m，有一定变化。上部为泥岩、黏土岩夹海绿石砂岩，中部为灰白色细晶白云岩，下部为磷、锰质白云岩夹燧石条带。下部地表风化后，P_2O_5 含量可大于 8%，但极不稳定。P_2O_5 含量除风化程度外，原岩磷质含量的差异也是重要因素。

底板：矿区的主要工业矿层赋存于梅树村组第二段的上、下矿层中。而第一段中的底部矿体，仅限于地表浅部，品位低，分布规律不明显，不具工业价值。就上述矿层而言，梅树村组第一段（$\in_1 m^1$）即为矿层底板。本层全区厚度稳定，岩性为层纹状含磷细晶白云岩夹燧石条带、透镜体。地表风化后为含磷砂质白云岩，局部 P_2O_5 含量可大于 8%，构成表外矿（W）。

2.2.4　矿床构造特征

尖山磷矿区处于滇池西侧低中山地带，地形高差大，水位埋藏较深。矿区为一山脉走向近东西、坡面北的单坡面，最高处尖山，标高 2225.75m。山坡有南北向雨裂、冲沟切割，最低侵蚀基准面标高为 1883m。高差为 342.6m，利于自然排水。海口河为区内主要地表水系，由东向西流经矿区北缘，流量由海口中滩街阀门控制。最大 83.3m³/s，最小为零（河干），常年流量 5～10m³/s。采场充水主要来自大气降水。

2.3　工程岩体稳定性分析

2.3.1　高边坡岩体变形破坏统计分析

本书对尖山磷矿的开采历史、存在问题以及影响边坡稳定的相关因素进行了大量的调查分析，重点对边坡岩体变形破坏的类型及其影响程度进行了统计分析。

矿山自投产以来，生产规模逐年扩大，截至 2012 年矿石年产量达 200 余万吨，随着矿山不断向下剥离推进，采场边坡日渐增高变陡。高边坡在回采至 2035m 时，形成垂直高度 191m 的"一面坡"，且中间无台阶分布，边坡角 42°～50°，边坡岩体受雨水冲刷和风化作用，局部地段表层已风化层泥状，顺层脱落，加之岩体自重与开挖卸荷的影响，边坡顶部发育了一条自东向西的走向裂缝，裂缝长度 200 余米，裂缝宽度 15～500mm，裂缝可见深度达 4m 以上，坡脚岩体发生了弯曲变形，见图 2.5。

(a) 坡顶发育的弧形裂缝　　　　　　　(b) 坡脚岩体发生的弯曲变形

(c) 2007年坡顶发育的走向弧形裂缝　　　(d) 2007年坡顶裂缝开裂程度

图 2.5　2007 年边坡变形破坏特征图

　　露天矿边坡出现的变形破坏迹象表征出，在既有开采技术条件下，边坡的安全储备很低，且对下部采场的采矿作业构成了严重的安全威胁。后经矿山组织相关技术人员与机械设备，对边坡 2070m 上部岩体进行分台阶卸载，卸载后的边坡向下开采至今，又增高 100 余米，目前，露天采场最低开采水平 1930m，高边坡垂直高度 296m。但是高边坡在卸载中，由于测量和施工误差，导致 2070m 平台部分(沿走向长度约 200m)宽度(2～3m)不满足原设计要求(12m)；同时，由于矿山向下延伸开采中揭露的底板围岩倾角在 2030～1940m 高程段内变陡(55°左右)，大于地勘报告中给出的直接底板岩层倾角 50°的上限值，因此，岩层倾角的变陡，增大了坡体下滑力。高边坡在延伸开采过程中暴露出的安全问题，诱使边坡发生着新一轮的"稳定→不稳定"演化过程，从现状边坡调查结果分析可知，高边坡不同部位已经分布有不同类型的变形开裂迹象。

　　2070m 平台边坡岩体沿层面发生滑坡后，滑坡壁上揭露出一软弱夹层泥，课题组对夹层取样并进行了电镜测试，测试结果得出该夹层云母含量大于 98%，而云母表征出的性质是遇水易软化，强度降低。因此，2070m 平台边坡岩体的滑移受层间泥化夹层影响较大，加之 2070m 平台中部卸载施工预留平台宽度不足 12m，均是导致坡体滑动的原因(图 2.6)。

图 2.6　2070m 平台滑坡概貌图

　　表 2.1 中统计给出了高陡边坡在停止生产前已出现的变形破坏的位置及类型，调查集中对高陡边坡 2070m 平台、2100m 平台、2130m 平台、2160m 平台和 2190m 平台进行了实地踏勘，经调查高边坡在现有开采技术条件下已发育的可测裂缝 12 条，边坡岩体发生变形破坏与滑动约计 9 处。将现场边坡已出现的变形分为三类即：滑坡(HP)、变形破坏(BH)与裂缝(LF)。

表 2.1 尖山高陡边坡滑坡及地裂缝调查统计表

序号	类型与位置	规模与形状	滑坡成因
1	裂缝(LF-1) X:2740667 Y:558398	环状裂缝，长约12m、宽7.5m。裂缝向东侧发育，大部分呈微闭状，最宽处2cm。距东侧10.6m位置有一条2m深的冲沟，沟内植被茂密，无积水，冲沟南北走向，南低北高（人工开挖形成），长约25～30m	裂缝的形成与下部边坡岩体发生小范围滑坡(HP-1)有联系
2	滑坡(HP-1) X:2740677 Y:558398	浅层圆弧形滑动，滑坡后缘错动18～20cm。裂缝宽3～8cm，滑动开裂的岩土体为边坡岩体的上覆土层	该处滑坡对上述裂缝发育有一定的影响
3	滑坡(HP-2) X:2740685 Y:558367	边坡岩体发生平面滑动，在滑体左缘露头处岩石风化严重，局部呈片状。现场人员介绍该地段在开采中有部分下层矿保留在坡上未开采（护坡作用），但在向深部开采中该部分岩体下滑产生平面滑动。滑动范围沿边坡走向30m，垂直走向上约20～25m	海丰采场下部矿体回采使边坡角变陡，上部岩体下滑力增大，部分坡体下滑发生滑动
4	滑坡(HP-3) X:2740688 Y:558332	该地段岩体受两类结构面交割形成楔形滑体，滑坡变形破坏沿边坡走向长约19m，露头处岩石风化破碎，垂直走向上1～1.5m，高约3m	平台外侧坡面岩体风化破碎
5	滑坡(HP-4) X:2740687 Y:558295	2070m平台外侧沿走向约18m的范围内发生了岩体小规模变形破坏，且沿分布有一处楔形滑体长2.7m，高约3m	平台外侧坡面岩体风化破碎
6	变形破坏(BH-1) X:2740688 Y:558229	2070m平台外侧沿边坡走向上约50m的边坡岩体发生表层滑动与掉块现象	平台外侧坡面岩体风化破碎
7	滑坡(HP-5) X:2740680 Y:558021	该地段为2012年1月2日发生滑坡的位置，滑坡后2070m平台与原设计中9～12m相比只有6m，滑坡面上软弱夹层是诱发该地段滑动的主因。滑坡面沿边坡走向上约50m，其中最窄处3.3m	底板岩石内夹杂的软弱夹层是诱发该地段滑动的主因
8	变形破坏(BH-2) X:2740644 Y:557759	沿2070m平台外侧长约30m、宽12.5m、高2.6m范围内的岩石受多组结构面切割，岩石较为破碎且发生变形破坏，破坏岩体成碎裂状	结构面相互交切作用及风化作用影响
9	裂缝(LF-2) X:2740645 Y:557711	裂缝长约35m、宽度3～4cm，走向264°，距2070m平台外缘6.4m	平台外侧边坡岩体发生变形破坏引起

续表

序号	类型位置	规模与形状	滑坡成因
10	裂缝(LF-3) X:2740628 Y:557707	裂缝走向276°，长约26m，与LF-2走向基本一致，平行间距4.4m，缝宽6~8cm，可测深度1m	平台外侧边坡岩体发生变形破坏引起
11	滑坡(HP-6) X:2740637 Y:557691	小型滑坡；滑坡体走向与边坡走向基本一致，顺层面滑动，滑体长度沿边坡走向上约19.5m	结构面相互交切作用及风化作用影响
12	裂缝(LF-4) X:2740634 Y:557677	与滑坡(HP-6)相交接的一条裂缝，长度16m，发育走向与边坡走向一致，裂缝宽2~3cm	平台外侧边坡岩体发生变形破坏引起
13	滑坡(HP-7) X:2740629 Y:557671	斜坡面上散落着茂密的植被，可判断为原2070m平台植被恢复后该地段2070m平台外侧发生了向下的滑动，滑坡体边坡走向长约80m，且保留的2070平台2070平台约7m宽，受调查条件限制，无法得到滑体下部实测滑坡高度，目测25~30m	下部矿体回采及底板岩石中软弱夹层的影响
14	裂缝(LF-5) X:2740621 Y:557488	该裂缝先从坡体下部发展，延伸至坡顶，在坡顶路面上一直可见微闭裂缝。且水沟一侧渠壁发生倾斜，初步断定为贯通性裂缝一直延伸至平台侧测水沟。	下部矿体回采影响
15	裂缝(LF-6) X:2740611 Y:557452	水沟一侧渠壁上出现开裂，裂缝长约1.5m，裂缝长约6m，走向297°。2070m平台路面上也有可见裂缝，该处平台宽5.7m，最宽处5cm。	下部矿体回采影响
16	裂缝(LF-7) X:2740587 Y:557392	2070平台上可见的最大变形裂缝，宽25~30cm，倾向303°。在该裂缝周围存在几条小裂缝，路面向西侧倾斜。裂缝贯穿2070m平台东侧面，在斜坡面上有出露，且延伸至2040m水平路面上也有出露，2040m水平处裂缝宽约60cm，可测深度1.5m。裂缝在2040m水平路面上向西侧延伸倾斜，路面整体向东侧倾斜	下部矿体回采影响
17	裂缝(LF-8) X:2740604 Y:557381	与裂缝(LF-7)相邻，该缝长约3m，宽2~3cm	下部矿体回采影响
18	裂缝(LF-9) X:2740604 Y:557381	裂缝长约15m，走向275°，宽3~5cm。该裂缝贯穿2070m平台，在斜坡面上发育不明显，2040m水平路面上未见该裂缝的发育特征	下部矿体回采影响

续表

序号	类型/位置	规模与形状	滑坡成因
19	裂缝 (LF-10) X:2740559 Y:557416	2100m 平台西侧入口处发现一"八"字形裂缝。该裂缝的发育和下部 2070m 平台上裂缝 (LF-9) 相接。该地段裂缝两侧路面有明显的下陷，东高西低，裂缝宽 5～8cm	下部矿体回采影响
20	裂缝 (LF-11) X:2740524 Y:557961	在回填土路面上出现一条长 9.3m 的裂缝。裂缝西东走向 48°，沿东侧山脊向下发育、延伸，裂缝宽 1～3cm，大部分呈闭合状态	
21	裂缝 (LF-12) X:2740555 Y:558004	2160m 平台东侧水沟渠壁由于裂缝的贯通和发育产生错裂。发育的裂缝沿水沟走向向东延伸，可测宽度 1～3cm	

2.3.2　结构面对边坡岩体稳定性的影响

岩体是在地质历史时期形成的具有一定组分和结构的地质体。岩体结构组成要素有两个基本单元，即结构面和结构体。工程建设中的岩体常称之为"工程岩体"，它赋存于一定的地质环境中，随着地质历史的发展和地质环境的演化而不断变化。在其成岩和变化过程中，其内部形成具有一定方向、一定规模、一定形态和特性的面、缝、层、带状的地质界面，该地质界面统称为岩体结构面。对岩体结构面开展科学的分类、分级和描述，是正确认识工程岩体的前提，同时也是分析与评价工程岩体稳定性的核心内容[81-83]。

1）岩体结构面的工程地质特性

工程荷载作用下，边坡岩体各类结构面的力学效应及其对工程岩体稳定性的影响主要受控于两大因素——规模与性状。分析工程岩体稳定性时，不仅要查明各类型结构面的特征，更重要的是依据其力学作用差异和工程地质意义进行分级，方便对不同规模的结构面进行分类研究与分析。

结构面的工程地质分级是研究岩体结构的条件，也是岩体结构单元类型研究的基础，它的分级主要根据结构面规模、工程性状及其工程地质意义来进行划分。常用的结构面划分法有根据岩体结构面的大小和规模进行的五级划分法和按照结构面对工程岩体力学行为所起的控制作用程度的三级划分法。本书研究采用谷德振的五级划分法，见表2.2。该分类体系中，规模较大的Ⅰ级、Ⅱ级和Ⅲ级结构面，对工程稳定性起着决定性作用，在实际工程中可通过地质勘查直接查明其性状和边界条件。而对于Ⅳ级和Ⅴ级结构面，由于其尺寸小、数量大，且随机分布的特征，很难一一测量和定位，多采用现场结构面调查与统计对其进行分析研究。

表2.2　结构面五级分类体系

级别	描述	影响程度
Ⅰ	延伸到几千米以上、深度至少切穿一个构造层、破碎带宽数米至十米以上的大断层或区域性大断裂	对区域构造起控制作用
Ⅱ	延展数百米至数千米，延深数百米以上、破碎带宽度几厘米到数米的断层、层间错动带、接触破碎带及风化夹层等	控制山体与工程岩体稳定性的主要因素
Ⅲ	延伸在百米范围内的断层，挤压和接触破碎带、风化夹层，宽度在1m以上，也包括宽度在数十厘米以内、走向和纵向延伸断续的原生软弱夹层、层间错动带等	直接影响工程具体部位岩体的稳定性
Ⅳ	延伸在数米以内，通常小于30cm，无明显宽度，主要为节理、可有层面、片理、原生及次生节理、发育的劈理等	直接影响岩体的力学性质和应力分布状态，很大程度上影响岩体的破坏方式
Ⅴ	为延展性差、无厚度之别、分布随机、为数基多的细小结构面，主要包括隐节理、劈理、片理	降低了由Ⅳ级结构面所包围的岩块的强度

依据研究区构造特征及边坡岩体结构特点，其主要分布有Ⅲ级、Ⅳ级和Ⅴ级共三类结构面。①Ⅲ级结构面：在本区属三级结构面的是 F_{1-1} 和 F_{1-2} 断层组。由前述构造地质条件可知，断层组的存在切割了矿体，并使矿体北盘抬升，倾角变小；但随着矿体的不断回采，断层逐渐被挖除，因此，断层的赋存状态对靠帮边坡的稳定性无影响。②Ⅳ级结构面：主要为影响范围较小的小型结构面，包括未予命名的小断层和大量的节理，结构面延长长度为几十米至百米以上。此类结构面造成的破坏可能是重大的。研究区地层为湖相沉积岩，岩石具有显著的层理构造，岩石分为厚、中厚及薄层。由于该区位于香条村背斜北翼东段，背斜轴的方向呈近东西向，故东西向为边坡岩体Ⅳ级结构面的优势方向。③Ⅴ级结构面：它是能够引起边坡破坏的最小型结构面，包括小型的裂隙、节理、劈理、片理等，其延长一般为几厘米至几米。Ⅴ级结构面数量特别巨大，整个采场边坡岩体中随处可见，其整体上具有产状的多样性，在不同的地点，又具有不同的产状优势方向性。优势方向性反映了该处构造运动地应力的方向特征，并决定了对边坡可能造成的破坏模式和规模。Ⅴ级结构面的存在加大了岩体的破碎程度，加快了岩体的风化程度，从而降低了岩石的力学强度，使得边坡遭受破坏。

根据以上结构面工程地质特征及其分类描述，本书主要对工程岩体的Ⅳ级与Ⅴ级结构面进行测量统计，分析与研究这两类结构面对工程岩体稳定性的影响作用。

2)现场结构面调查方法

调查方法采用测线法[84]。该方法获得国际岩石力学学会推荐，且是量测、获取结构面数据最方便和最实用的方法。测线法是在岩体揭露面上布置一条测线，首先对测线的走向、倾角进行测量，然后对与该测线相交切的结构面逐一地量测和记录其几何要素(结构面在测线上的分布位置、倾向、倾角、半迹长和隙宽)，并观察确定结构面的张开度、描述结构面充填情况、胶结程度、含水性与起伏程度。测线布置图见图 2.7 所示，图中 1、2A(B)、3A(B)、4A(B)与5分别表示测带内的结构面与测线交切关系的类型。

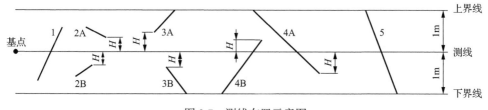

图 2.7　测线布置示意图

3)结构面调查结果及分析

根据前述工程地质岩组划分结果，岩体结构面调查以矿体直接底板砂质白云岩为主,黑页岩、矿体与细粉晶白云岩为辅。调查自边坡 2190m 水平向下依次在水平 2190m、2160m、2130m、2120m、2070m、2040m 和 2005m 处进行不同岩组结构面调查统计,总计调查长度 295.08m,调查统计结果详见表 2.3。

表 2.3　结构面调查统计结果

序号	调查地点	岩性	调查长度/m	测带宽度/m	调查面积/m²	结构面数量/条	结构面线密度/(条/m)
1	2190m 1#测点	白云岩及砂质白云岩	1	2	88	44	44
2	2190m 2#测点	白云岩及砂质白云岩	19.65	2	34	17	0.865
3	2190m 3#测点	白云岩及砂质白云岩	16.9	2	56	28	1.657
4	2160m 测点	白云岩及砂质白云岩	11.2	2	34	17	1.518
5	2140m 测点	细粉晶白云岩	9.9	2	19.8	42	4.242
6	2130m 1#测点	白云岩及砂质白云岩	28.05	2	56.1	55	1.961
7	2130m 2#测点	白云岩及砂质白云岩	23.52	2	46.8	57	2.423
8	2130m 3#测点	白云岩及砂质白云岩	25.1	2	96	48	1.912
9	2130m 4#测点	白云岩及砂质白云岩	29.85	2	140	70	2.345
10	2130m 5#测点	白云岩及砂质白云岩	21	2	38	19	0.905
11	2120m 1#测点	细粉晶白云岩	5.5	2	11	26	4.727
12	2120m 2#测点	白云岩及砂质白云岩	3	2	6	20	6.667
13	2070m 1#测点	白云岩及砂质白云岩	1.57	2	3.14	19	12.102
14	2070m 2#测点	白云岩及砂质白云岩	3.3	2	6.6	28	8.485
15	2070m 3#测点	白云岩及砂质白云岩	2.55	2	5.1	16	6.275
16	2070m 4#测点	白云岩及砂质白云岩	3.35	2	6.7	24	7.164
17	2070m 5#测点	白云岩及砂质白云岩	1.0	2	2	12	12.000
18	2070m 6#测点	白云岩及砂质白云岩	4.58	2	9.16	5	1.092
19	2070m 7#测点	白云岩及砂质白云岩	6.42	2	12.84	27	4.206
20	2070m 8#测点	白云岩及砂质白云岩	7.0	2	14.0	24	3.429
21	2040m 1#测点	白云岩及砂质白云岩	2.15	2	4.3	16	7.442
22	2040m 2#测点	白云岩及砂质白云岩	1.82	2	3.64	17	9.337
23	2040m 3#测点	白云岩及砂质白云岩	2.43	2	4.86	22	9.053
24	2040m 4#测点	白云岩及砂质白云岩	1.68	2	3.36	30	17.857
25	2040m 5#测点	矿体	2.8	2	5.6	10	3.571

续表

序号	调查地点	岩性	调查长度/m	测带宽度/m	调查面积/m²	结构面数量/条	结构面线密度/(条/m)
26	2040m 6#测点	白云岩及砂质白云岩	1.81	2	3.62	10	5.525
27	2040m 7#测点	白云岩及砂质白云岩	2.65	2	5.3	9	3.396
28	2040m 8#测点	矿体	1.2	2	2.4	16	13.333
29	2040m 9#测点	白云岩及砂质白云岩	1.5	2	3	13	8.667
30	2040m 10#测点	白云岩及砂质白云岩	2.4	2	4.8	27	11.250
31	2040m 11#测点	白云岩及砂质白云岩	1.47	2	2.94	13	8.844
32	2040m 12#测点	白云岩及砂质白云岩	4.21	2	8.42	38	9.026
33	2040m 13#测点	白云岩及砂质白云岩	2.7	2	5.4	33	12.222
34	2040m 14#测点	白云岩及砂质白云岩	1.13	2	2.26	23	20.354
35	2040m 15#测点	白云岩及砂质白云岩	1.97	2	3.94	21	10.660
36	2040m 16#测点	白云岩及砂质白云岩	3.75	2	7.5	28	7.467
37	2040m 17#测点	白云岩及砂质白云岩	0.64	2	1.28	7	10.938
38	2040m 18#测点	白云岩及砂质白云岩	1.59	2	3.18	13	8.176
39	2040m 19#测点	白云岩及砂质白云岩	1.0	2	2	14	14.000
40	2040m 20#测点	白云岩及砂质白云岩	0.68	2	1.36	6	8.824
41	2040m 21#测点	白云岩及砂质白云岩	0.56	2	1.12	6	10.714
42	2040m 22#测点	白云岩及砂质白云岩	1.36	2	2.72	8	5.882
43	2040m 23#测点	白云岩及砂质白云岩	3.92	2	7.84	8	2.041
44	2040m 24#测点	白云岩及砂质白云岩	0.93	2	1.86	11	11.828
45	2040m 25#测点	白云岩及砂质白云岩	0.87	2	1.74	10	11.494
46	2040m 26#测点	白云岩及砂质白云岩	0.91	2	1.82	8	8.791
47	2040m 27#测点	白云岩及砂质白云岩	2.02	2	4.04	14	6.931
48	2040m 28#测点	白云岩及砂质白云岩	1.89	2	3.78	12	6.349
49	2040m 29#测点	白云岩及砂质白云岩	1.13	2	2.26	15	13.274
50	2040m 30#测点	白云岩及砂质白云岩	0.90	2	1.8	8	8.889
51	2005m 1#测点	黑页岩	2.19	2	4.38	11	5.023
52	2005m 2#测点	黑页岩	4.2	2	8.4	7	1.667
53	2005m 3#测点	黑页岩	4.32	2	8.64	8	1.852
54	2005m 4#测点	黑页岩	6.34	2	12.68	21	3.312
55	2005m 5#测点	矿体	2.02	2	4.04	11	5.446

4）结构面分组及其随机性分布特征

本书中针对优势结构面的划分采用 Rocscience Dips V5.103，该软件用于进行地质方位数据的交互式分析，且能够进行带偏差的统计分析，可以生成岩体节理极点密度图等，用于分析优势结构面所在[85-87]。

对现场实测的砂质白云岩与细粉晶白云岩岩体结构面资料，应用 Dips 生成赤平投影极点图、走向玫瑰花图和极点等密度图见图 2.8 和图 2.9。

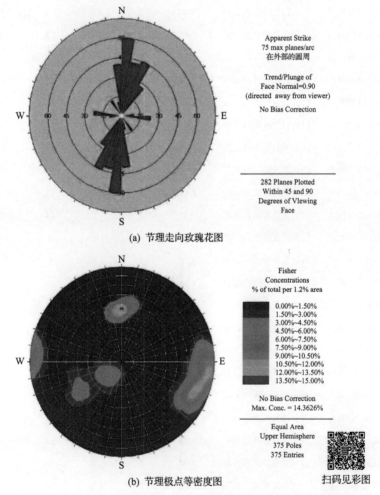

(a) 节理走向玫瑰花图

(b) 节理极点等密度图

图 2.8　2190-2120 水平砂质白云岩结构面赤平投影分析图

砂质白云岩共计调查 970 条，其中 2190-2120 水平区段调查 375 条，且最大极密度为 14.36%，结构面倾向在 358°～3°，倾角分布在 45°～50°；2070-2040 水平区段共计调查 595 条，最大极密度为 58.90%，结构面倾向在 358°～8°，倾角分

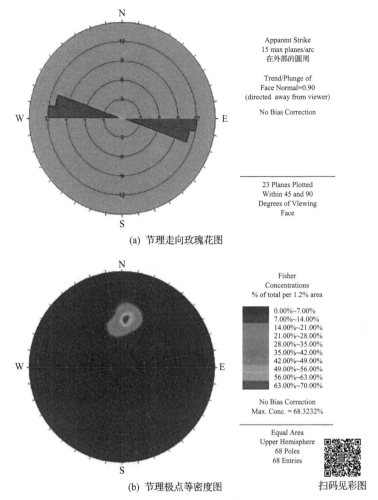

(a) 节理走向玫瑰花图

(b) 节理极点等密度图　　扫码见彩图

图 2.9　2070-2040 水平砂质白云岩结构面赤平投影分析图

布在 45°～51°；细粉晶白云岩在所揭示的露头处调查了 68 条节理，且最大极密度为 68.32%，结构面倾向在 355°～10°，倾角分布在 38°～48°。从上述统计分析结果可以看出，边坡岩体优势节理产状的分布范围与边坡产状（倾向 351°，倾角 46°）近似平行，进而表征出该边坡层状岩体结构特征显著。表 2.4 中对上述分析统计中砂质白云岩与细粉晶白云岩的优势结构面进行了分组。

　　针对现场采集的结构面样本数据和优势结构面划分结果，对优势结构面总体几何特征进行统计分布分析时，首先对分组后的样本数据进行处理。设结构面产状为 $\alpha\angle\beta$，将第 I 组优势结构面倾向为 0°～10° 范围内的结构面产状转换为 $(\alpha+360°)\angle\beta$；将第 II 组优势结构面中倾向分布在 260°～290° 范围内的结构面产状进行转换，转换后的产状为 $(\alpha-180°)\angle(180°-\beta)$。

表 2.4   边坡岩体结构面优势组数划分结果

岩　层	优势结构面组数	组号	产状变化区间		起伏状况	结构面分级
			倾向	倾角		
砂质白云岩	3	Ⅰ	340°~10°	30°~70°	平直	Ⅳ级与Ⅴ级
		Ⅱ	70°~140°	40°~90°	平直	Ⅳ级与Ⅴ级
		Ⅲ	260°~290°	70°~90°	平直	Ⅳ级与Ⅴ级
细粉晶白云岩	1	Ⅰ	338°~12°	34°~60°	平直	Ⅳ级与Ⅴ级

5）赤平极射分析

　　岩体的失稳与破坏主要受岩体中结构面的控制，结构面相互之间的空间分布位置、组合关系和结构面的物理力学性质等，都对边坡的稳定性都起着重要的作用。赤平极射投影法正是基于这些因素来对岩质边坡进行稳定性分析的一种图解方法，该方法可以进行岩质边坡破坏体形态、失稳滑动方向和稳定程度的分析评价。依据前述现场结构面实测与统计分析结果，将三组优势结构面的产状与边坡产状列举在表 2.5 中。采用赤平极射投影图关系，做出优势结构面赤平极射投影图，见图 2.10。

表 2.5   尖山磷矿采场边坡产状与优势结构面产状

类型	坡面	优势结构面Ⅰ	优势结构面Ⅱ	优势结构面Ⅲ
产状	351°∠46°	1°∠47°	102°∠77°	228°∠32°

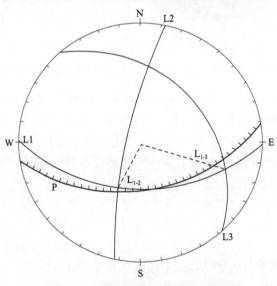

图 2.10   优势结构面赤平极射投影图

从图 2.10 中分析可知，优势结构面 I 与采场开挖边坡面产状近似，且该组结构面为边坡岩层的层面，结构面倾角 47°与边坡坡角基本相等；优势结构面 II 与边坡坡面近似正交且陡倾于坡内；优势结构面 III 与边坡坡面近似正交且缓倾于坡内。就单组结构面分析而言，其与边坡坡面的产状关系表征出基本稳定或稳定状态，然而实际中往往结构面的组合作用对边坡稳定性造成很大的影响。对该边坡体内主要发育的三组优势结构面而言，不利的结构面组合为 L1 与 L2、L1 与 L3，这两组结构面的交线（L_{1-2}、L_{1-3}）均倾向坡外，倾角小于坡角，易形成对边坡稳定不利的块体。现场结构面实测调查中也在不同地段的露头面上找出了由这两组结构面相互切割而成的块状岩体，见图 2.11。由组合结构面交切作用而形成的块状岩体在自重应力、风化、雨水渗透等作用下，部分岩体将沿着层面进行滑动，加之边坡岩体中软弱夹层的出露，更是加剧了这一滑动破坏趋势。

(a) 组合结构面交切的边坡岩体

(b) 滑落的块体

图 2.11　结构面切割的岩体

2.4　采场边坡失稳破坏模式分析

层状岩体一般多为构造较为简单的沉积岩，它可以由单一岩性组成，也可以由不同岩性夹层、互层组合而成，层间常发生错动，且层间相互黏结力较弱。在层状岩体中开挖形成的层状边坡，受自重及开挖卸荷作用，常发生一定规模的变形破坏，其变形破坏程度受控于边坡岩体强度、岩层面与坡面组合特征、岩性组合关系等方面的影响。

天然斜坡或人工边坡在形成过程中，岩土体内部原有的应力状态随着成坡过程的进行发生变化，并引起应力重新分布和应力集中等效应。边坡岩体为适应应力状态的不断变化，将发生不同形式和规模的变形，并在一定条件下发展为破坏。

课题研究从采场边坡的受力状态及边坡变形破坏演化过程两个方面，对其变形失稳机理及其破坏模式进行分析。

1）边坡岩体的受力状态

基于边坡岩体失稳的受力分析可知，边坡的失稳滑动，是由于滑体下滑力超过了滑动带的抗滑力产生的作用效果。

同向陡倾层状岩体边坡的变形首先产生在边坡上部顺层面滑移的区域，其最大主应力 σ_1 为滑体自重应力沿构造层理面方向的分力，最小主应力 σ_3 与该方向近似垂直，边坡经爆破、开挖卸荷的影响，最小主应力 σ_3 呈减小趋势，使得上覆岩土体沿构造层理面或软弱夹层发生蠕滑变形，边坡顶部产生拉裂下错变形。随着边坡上部岩体的滑移发展，滑移面沿层理面或夹层面发生贯通，并对下部岩体形成挤压作用。下部岩体受压区域最大主应力 σ_1 平行于上部滑移面，最小主应力 σ_3 与其垂直，进而产生大致平行于滑动面方向的张裂缝；同时由于边坡岩体下部未临空，使得整体滑动趋势受阻，下部岩体出现隆起或弯曲变形，弯曲变形的岩体内部出现层间拉裂，变形的发展最终因弯曲部位被压碎而导致边坡岩体剪切破坏。

基于尖山露天矿采场边坡变形破坏特征的调查与边坡岩体结构分析结果，绘制采场边坡纵断面滑坡分析图，见图 2.12。边坡岩体受陡倾（102°∠77°）和缓倾（228°∠32°）于坡内的两组结构面切割易形成不稳定的块体，加之爆破、开挖卸荷的影响加剧了不稳定块体的掉落；依据边坡顶部两次出现裂缝的位置及下部岩体产生弯曲变形的特征，推断尖山露天矿边坡潜在的滑面位于砂质白云岩和细粉晶白云岩整合接触面上，且滑动面上部呈现为顺层平面滑移，下部为圆弧剪切破坏，滑面的形态整体为"平面复合型"（平面与剪切圆弧面的组合）。这种类型的边坡滑动，其上部类似于"坐船"，即上部岩体沿着滑动面呈现整体下滑趋势，由于下部岩体未出露临空面，并受上部岩体下滑挤压作用，产生弯曲变形，同时，由于坡体内发育的结构面切割作用，使弯曲形变岩体异常破碎，利于剪切面贯通扩展，最终导致下部沿圆弧面发生剪切破坏。图 2.13 是采用离散元、有限差分法、边坡监测位移矢量分析方法、边坡模型开挖试验等研究手段分析所得边坡变形破坏的规律及特征，结果显示，边坡出现的滑动破坏面为一平面与圆弧滑动面的组合。

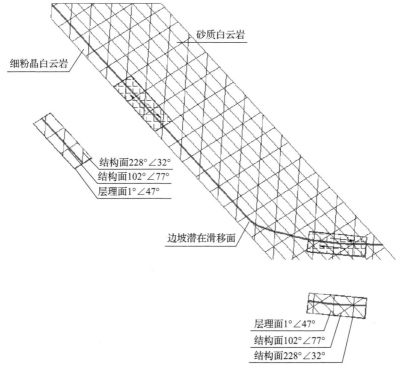

图 2.12　采场边坡纵断面滑坡分析图

2) 边坡岩体变形演化过程

卸荷松弛变形。自然边坡历经漫长的地质构造和外营力作用，其岩土体基本上处于平衡状态。当边坡岩体经爆破开挖扰动后，边坡向临空方向产生卸荷作用，致使坡体表面产生变形和位移，边坡出现大致平行构造层理面的卸荷张拉裂隙。随卸荷效应的逐步加剧，张拉裂隙逐渐向下发展，边坡表部出现块体脱落，坡脚岩体完整性被破坏，岩体强度迅速降低。

拉裂下错变形。同向陡倾层状边坡滑移面多产生于岩体中强度相对较弱的结构面或层面部位。岩体经开挖扰动，坡体内部应力发生调整，边坡的中下部应力集中，加之降雨等外营力作用，使得边坡岩土体强度降低。当顺层滑移面的中下部岩土体的剪应力超过该处岩土体的实际抗剪强度时，边坡产生塑性破坏。随着塑性区的逐步扩大，上部滑坡体沿滑移面产生下滑变形，边坡上部岩体发生拉裂出现下错变形。

挤压弯曲变形。当滑坡主拉裂缝产生之后，为地表水的下渗提供了有利条件，滑体的中后部失稳而向下推挤阻滑段，滑坡两侧出现羽状裂缝，并继续扩展延伸，上部滑移面基本贯通。前部阻滑段受挤压作用而产生向上隆起鼓胀变形，且在坡

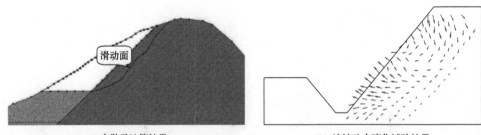

(a) 离散元计算结果 (b) 边坡动力演化试验结果

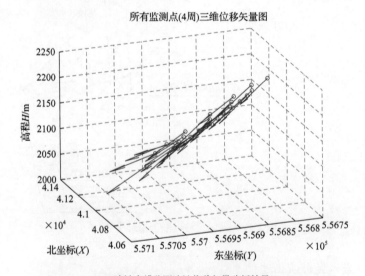

所有监测点(4周)三维位移矢量图

(c) 边坡在线监测边坡位移矢量分析结果

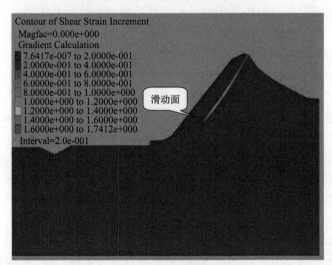

扫码见彩图

(d) 有限差分计算结果

图 2.13 不同分析方法研究的边坡失稳破坏类型成果

体前缘出现张裂隙和鼓胀裂缝。随着边坡变形破坏的进一步发展，裂缝逐渐扩展、贯通，前缘剪出口断断续续出现，此时前部抗滑段滑动面并未全部贯通。

剪切破坏变形。伴随着边坡变形破坏的进一步加剧，前缘剪出口逐渐贯通并与边坡两侧滑坡周界相互贯通，此时，边坡已进入整体失稳滑动破坏阶段，边坡稳定性系数小于 1。随着滑移距离的增加，滑带土强度逐渐衰减至残余强度值，阻滑力减小，滑坡由匀速滑动变为加速滑动。

纵观上述分析，尖山磷矿采场边坡变形破坏的整个演化过程为滑移—弯曲—剪切破坏，潜在破坏面形态为上部平面与下部圆弧剪切面组成的"平面复合型"滑面。

2.5　边坡岩体物理力学性质试验

通过室内基本岩石力学试验，测试不同埋深边坡岩体岩石力学参数：弹性模量、泊松比、抗拉强度、抗压强度、内摩擦角、内聚力等[88-90]。测得这些力学参数作为后续数值模拟计算的基础和参考，为更加真实地反映降雨入渗—采动卸荷耦合下高陡岩质边坡裂隙岩体的破坏演化过程提供依据。

2.5.1　现场取样

为了最真实地反映强降雨入渗—采动卸荷耦合作用对高陡岩质边坡裂隙岩体的影响，试验试样全部采用矿山边坡原状试样［主要取样地点：云南磷化集团尖山磷矿、城门山铜矿，即国家铜冶炼及加工工程技术研究中心研究基地，如图 2.14(a) 所示］。取样前首先通过现场勘察和地质资料分析在典型采场某个区域圈定出若干块质地均匀、岩体较为完整、环境地质条件较为相似的圆形拟取样区域，直径约为 2m，圈定时应避开大断层、大型张开裂缝等大尺寸结构面贯穿的岩体(较为破

(a) 现场取样图　　　　　　　　　　　　　(b) 试样图

图 2.14　实验前的准备工作

碎区域），并做好标记和编号（1#～N#）。然后依据研究需要，通过岩心钻孔钻机按一定密度在裂隙岩质边坡岩体、铜矿体、深部地下采场围岩中取圆形试样。考虑到取样过程的损失，每个区域至少取出 5 个较为完整的原状试样，取样后将试样妥善封存，运送回实验室［图 2.14(b)］。

2.5.2　试样制备

将运回的试样按区域编号分类存放，在每个试样中取出 3 个圆柱形初样编为一组单个记为（1-1、1-2、1-3、…、N-1、N-2、N-3），依据国土资源部 2015 年颁布的《岩石物理力学性质试验规程》，将获取的岩石样品在实验室中加工成径高尺寸为 50mm×100mm 或者 50mm×25mm 的圆柱形标准试样，用于后续基本力学性质试验：巴西劈裂试验、单轴压缩试验和三轴压缩试验[91,92]。表 2.6 为岩石试样取样位置及组数。

表 2.6　岩石试样取样位置及组数

取样位置	试样编号	巴西劈裂试验	单轴压缩试验	三轴压缩试验
ZK11 钻孔 （298 m 标高）	1-1、1-2、1-3	3 组	3 组	3 组
ZK12 钻孔 （205 m 标高）	2-1、2-2、2-3	3 组	3 组	3 组
ZK13 钻孔 （106 m 标高）	3-1、3-2、3-3	3 组	3 组	3 组

利用 JKDQ-1T 型智能岩样切割机［图 2.15(a)］将试样切割至 100 mm 的试样，然后再采用双面磨石机［图 2.15(b)］对试样的两端进行打磨，保证试样精度满足《岩石物理力学性质试验规程》的精度要求。图 2.15(c)、图 2.15(d)分别为标准圆柱形试样和标准巴西劈裂试样[93]。

(a) JKDQ-1T型智能岩样切割机　　　　　　　　　(b) 双面磨石机

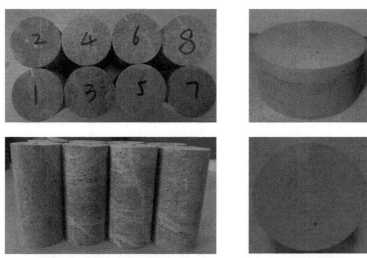

(c) 标准圆柱形试样　　　　　　　　　　(d) 标准巴西劈裂试样

图 2.15　试样加工过程

2.5.3　试验设备及仪器

1) 巴西劈裂试验

巴西劈裂试验仪器采用的是日本生产的岛津 AGI-250 材料伺服试验机(图 2.16)。该试验机在岛津驻中国分工厂进行组装，其最大轴向载荷为 10kN，可进行高速数据采集、高精度测量等，可进行拉伸、压缩、3/4 点弯曲、撕裂、摩擦、蠕变、松弛、剥离拉伸循环、压缩循环、3/4 点弯曲循环试验[93]。

图 2.16　岛津 AGI-250 材料伺服试验机

2)单轴压缩试验和三轴压缩试验

单轴、三轴压缩试验加载系统采用由英国进口的 GDS-VIS 三轴流变仪(图 2.17),试验系统由轴压、围压、渗压三组配套系统组成,三组配套系统均可独立使用,可实现多模式力学试验(包括岩石、混凝土材料的单轴、三轴试验等),同时具有完善的软件操作系统,系统精度高,测量数据准确,可提供轴向载荷 0～400kN,围压 0～32MPa,渗压 0～32MPa,系统配备专业的 LVDT 传感器,可满足高低压环境下的测量精度[94, 95]。

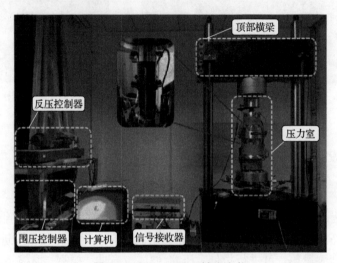

图 2.17　GDS-VIS 三轴流变仪

2.5.4　试验过程

1)巴西劈裂试验

(1)先用游标卡尺测量巴西圆盘上试样的直径和高度,并记录。

(2)将弧形夹具置于加载平台上,试样依次编号,测量尺寸后,沿直径垂直放入弧形夹具内,保证前后距离一致。落下弧形压头,使试样固定。

(3)调整加载压头与夹具接触,手动微调加载压头,使压头与夹具无缝隙,平整接触。使试样均匀受荷,并使垫条与试样在同一加荷轴线上。

(4)通过电脑图形程序操作界面控制加载,以每秒 0.3～0.5MPa 的加荷速度加荷,直至试样破坏,记录下破坏载荷,描述试样破坏后的形态。

2)单轴压缩试验和三轴压缩试验

(1)试样安装准备:试验前,剪取合适长度的热缩管(长度一般为 155～

160mm），将试样放置于热缩管内，并于试样上下部放置刚性垫片与透水石，以防止试样破坏后小型碎块、粉末对试验设备管路形成堵塞。试样、刚性垫片、透水石放置完毕后，采用试验专用加热热风枪对热缩管进行加热处理，首先沿着热缩管折痕处由上至下加热，使得热缩管与试样贴合紧密，随后安装试样帽于试样上部，继续采用热风枪对热缩管与试样帽接触区域加热，保证热缩管与试样帽完全贴合后，在试样上下部安装固定防渗装置，其中试样下部固定防渗装置待试样安装至试验仪器后，再进行固定安装，以保证整个试验过程中不会发生渗油现象。

（2）传感器安装：试样安装完成后，进行 LVDT 传感器（包括径向传感器与轴向传感器）安装。首先确定径向传感器的安装位置（一般安装于试样中部），并采用记号笔对安装位置进行标定，随后进行径向传感器的安装，采用瞬干胶对径向传感器进行固定，待瞬干胶完全凝固后，再进行轴向传感器的安装，安装流程与径向传感器基本一致，径向传感器与轴向传感器安装完毕后，移去传感器支架连接部位的间隔臂。

（3）试样安装：（1）、（2）完成后，启动 GDS 三轴流变仪以及电脑设备的电源，确保整体试验系统设备及线路连接正常，试验系统能正常运行。随后，将三轴流变仪横梁的 16 个固定螺丝拧松，使用横梁升降控制开关，将压力室缓慢提升，由于压力室上升范围有限，故而待横梁上升接近极限距离后停止上升，采用一组千斤顶对压力室进行抬升，抬升过程需保持千斤顶抬升的同步性，抬升至足以放置试样的高度后，停止抬升。完成以上步骤后，将试样安装至三轴流变仪腔体内部，将固定防渗装置的螺丝拧紧，保证试样上下部的密封性。同时，确保 LVDT 传感器不会与仪器腔体内壁接触，以保证传感器的正常工作。

（4）密封压力室：试样安装完毕后，缓慢降低千斤顶，待压力室下降至极限后，移去千斤顶，使用横梁升降控制开关，将压力室缓慢下降，整个下降过程，须仔细观察压力室接触孔位与底座定位螺钉对准情况，保证下降后压力室与底座完全贴合。待压力室下降完毕后，采用密封夹具对压力室与底座进行密封固定，随后使用专用力矩扳手对横梁固定螺丝进行扭紧固定。

（5）软件操作系统调零：启动 GDS 配套的软件操作系统，打开硬件显示界面，单击 Set Zero 对位移进行清零。

（6）压力室充油：将压力室上部螺丝拧开，连接出油管道，确保各连接口连接无误后，打开压力室下部充油阀门，启动油泵对压力室进行充油，待上部出油管道出现连续稳定、不含气泡的油流后，关闭充油阀门，而后关闭油泵并断开油泵电源，取下上部的出油管道，将密封螺丝拧紧。

（7）加载：以上步骤完成后，启动 GDS 配套的软件操作系统，进行试验阶段的参数设计，待参数设计完成后，先对试样施加目标围压，待施加的目标围压保持稳定后，单击软件操作系统界面的 Start Test 按钮，对试样施加轴压直至试样破坏。

2.5.5　试验数据整理

1）巴西劈裂试验数据整理

本次试验采用巴西劈裂法测定岩石的抗拉强度，试样分为 3 组，每组 3 个，试样尺寸详见表 2-8，记录每个试样最大破坏载荷。抗拉强度计算如式（2.1）：

$$\sigma_t = \frac{2P}{\pi Dh} \tag{2.1}$$

式中，σ_t 为岩石抗拉强度，MPa；P 为试样破坏时的最大载荷，N；D 为试样直径，mm；h 为试样厚度，mm。

巴西劈裂试验后所测得的试验数据见表 2.7。

表 2.7　巴西劈裂试验数据整理

试样编号	试样规格（$D \times h$）/（mm×mm）	破坏载荷/kN	抗拉强度/MPa	平均抗拉强度/MPa
1-1	50.12×24.68	7.963	4.098	
1-2	50.48×24.52	9.684	4.981	4.494
1-3	50.98×24.89	8.773	4.402	
2-1	51.02×24.36	11.235	5.755	
2-2	50.63×25.03	9.129	4.586	5.212
2-3	50.45×24.96	10.453	5.285	
3-1	51.12×24.56	12.698	6.439	
3-2	50.69×24.28	11.859	6.134	6.239
3-3	50.78×24.35	11.934	6.144	

2）单轴压缩试验数据整理

图 2.18 为三组试样进行单轴压缩试验后获得的应力-应变曲线，由此可以看出，试样埋深越深，其内部微裂隙越少，越致密，曲线的裂隙闭合阶段缩短，弹性变形阶段变长，其抗压强度越大，脆性更强。

根据单轴压缩试验所测得的应力-应变曲线，可计算出各组试样的抗压强度、弹性模量及泊松比参数，见表 2.8。

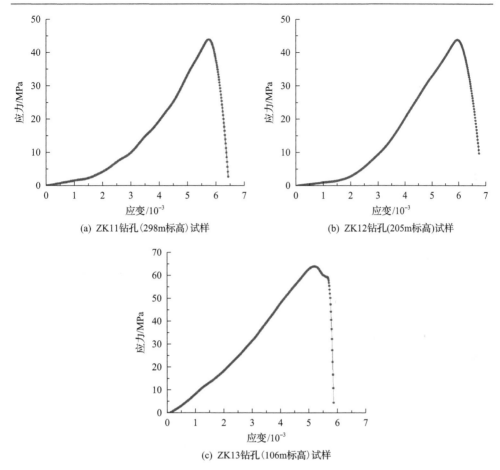

(a) ZK11钻孔(298m标高)试样　　　　　　(b) ZK12钻孔(205m标高)试样

(c) ZK13钻孔(106m标高)试样

图 2.18　各取样位置试样单轴压缩条件下应力-应变曲线

表 2.8　各组试样抗压强度平均值

取样位置	试样尺寸$(D \times h)/(\text{mm} \times \text{mm})$	单轴抗压强度σ/MPa	弹性模量 E/GPa	泊松比μ
ZK11 钻孔	49.68×100.29	43.95	11.16	0.236
ZK12 钻孔	49.23×99.65	48.26	14.23	0.205
ZK13 钻孔	49.76×99.84	63.97	15.21	0.163

3) 三轴压缩试验数据整理

分别对试样进行三轴压缩试验，绘制不同围压条件下试样的应力-应变曲线，如图 2.19 所示。

根据上述曲线绘制σ_1-σ_3关系曲线，并通过试样不同围压条件下的抗压强度来计算出内聚力、内摩擦角，所绘制的莫尔应力圆和包络线如图 2.20 所示。

在不同围压条件下，试样的抗压强度随围压的增加而增加，轴向应力与围压

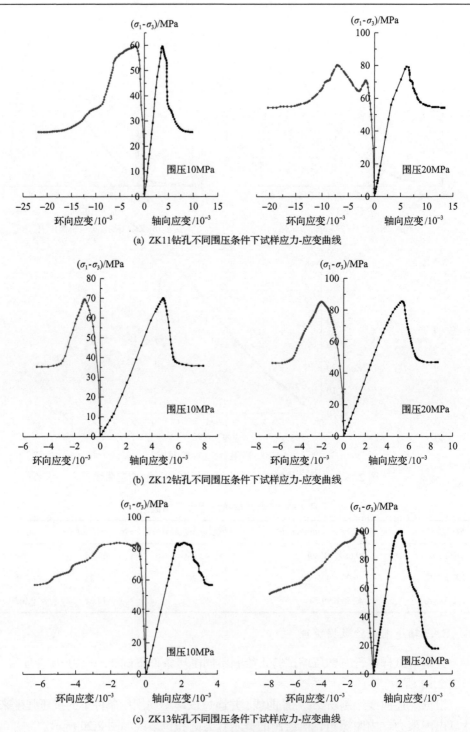

(a) ZK11钻孔不同围压条件下试样应力-应变曲线

(b) ZK12钻孔不同围压条件下试样应力-应变曲线

(c) ZK13钻孔不同围压条件下试样应力-应变曲线

图 2.19　三轴压缩试验不同围压条件下试样应力-应变曲线

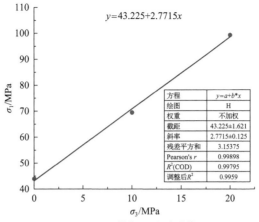

ZK11钻孔σ_1-σ_3拟合曲线

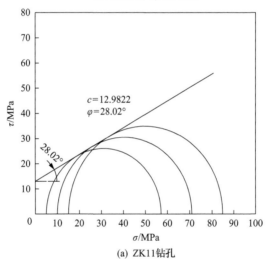

(a) ZK11钻孔

$y=49.3+2.861x$

ZK12钻孔σ_1-σ_3拟合曲线

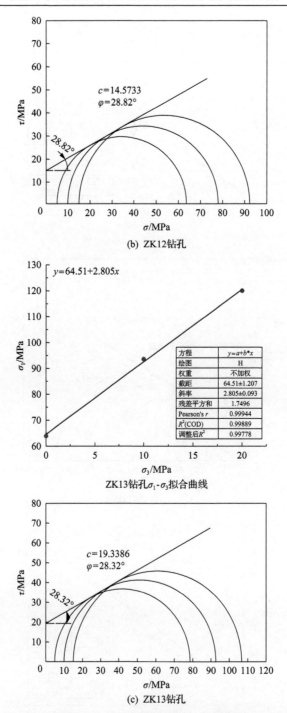

图 2.20　各试样 σ_1-σ_3 关系曲线及莫尔应力圆和包络线图

呈线性相关,轴向抗压强度越大,内聚力也越大。从三个不同试样的应力-应变曲线对比可得,埋深越深,试样抗压强度越大,脆性更明显,达到峰值后,强度跌落速度较快,以脆性破坏为主。

2.6　本章小结

本章通过工程地质调查、现场取样、实验室打磨成型,随后进行巴西劈裂试验、单轴压缩试验和三轴压缩试验,获取了不同标高取样点的抗压强度、抗拉强度、弹性模量、内聚力、内摩擦角和泊松比等参数(表 2.9),为后续降雨与采动卸荷条件下含裂隙岩体的数值模拟试验提供依据。

表 2.9　各钻孔岩石力学参数汇总表

取样位置	抗压强度 σ/MPa	抗拉强度 T/MPa	弹性模量 E/GPa	内聚力 c/MPa	内摩擦角 φ/(°)	泊松比 μ
ZK11 钻孔	43.95	4.494	11.16	12.9822	28.02	0.236
ZK12 钻孔	48.26	5.212	14.23	14.5733	28.82	0.205
ZK13 钻孔	63.97	6.239	15.21	19.3386	28.32	0.163

3 含水状态下裂隙边坡岩体变形破坏特征

含水状态下的裂隙岩体是坝基、边坡和地下硐室等岩土工程中广泛遇到的一类复杂岩体，其强度、变形破坏特征将直接影响岩土工程的稳定性[96-98]。本章采用的试验岩样取自云南省红砂岩，红砂岩属于典型的沉积岩体，岩体内部结构构造较为均质，加工成岩样后，个体差异小，且具有遇水作用明显的特征，对研究不同含水状态下软岩体物理力学特性具有重要参考价值。本章分别对不同含水状态、不同裂隙长度、不同裂隙倾角的岩样进行单轴压缩试验，分析岩样的宏观力学参数、全过程应力-应变曲线变化趋势和裂隙破坏特征，阐明含水状态下裂隙岩体变形破坏特征。

3.1 岩样制备及裂隙预制

采用江西理工大学购置的澳大利亚昆士兰大学 Julius Kruttschnitt 矿物研究中心开发研制的 MLA650 型矿物参数自动定量分析系统(图 3.1)，测定红砂岩的矿物成分：石英 56%、长石 22%、方解石 7%、云母 8%、绿泥石 3%、黏土矿物及其他杂质 4%。从现场取得红砂岩后，立即开展岩样加工制作，按照国际岩石力学学会推荐的《岩石力学试验建议方法》及国土资源部 2015 年颁布的《岩石物理力学性质试验规程》，将获取的岩石样品采用岩石切割机、双端面磨石机对岩样进行切割打磨(图 3.2)，加工成径高尺寸为 50 mm×100 mm 的标准圆柱形岩样，用于后续的单轴压缩试验。

试验方案设计如下：①采用单裂隙岩样，裂隙布置在圆柱形岩样中心位置。②裂隙倾角(与水平面夹角)b=0°、15°、30°、45°、55°、60°。③裂隙长度 a=5mm、10mm、15mm、20mm、25mm。④裂隙开度 c=1mm。具体岩样裂隙参数如图 3.3 所示。

3.1.1 试验精度要求

岩样的精度检查是确保试验成功的重要步骤，检查的目的是获得岩样面积与体积的精确尺寸。岩样加工制作成标准圆柱形岩样后，具体要求如下。

(1)岩样的高度、直径的偏差为 5mm。

(2)岩样两端应水平，剔除带有蜂窝麻面的岩样。

(3)岩样端面与岩样轴线相垂直，偏差不得超过 0.25°。

图 3.1 MLA650 型矿物参数自动定量分析系统　　图 3.2 岩样切割加工

图 3.3 裂隙参数

3.1.2 试验步骤

　　本次单裂隙千枚岩岩样含水状态设计为干燥状态、天然状态、饱和状态及天然与饱和含水状态,根据《岩石力学试验教程》《水利水电工程岩石试验规程》《国际岩石力学学会实验室和现场试验标准化委员会》等书籍,不同含水状态下的试验方法如下[99-101]。

1）制作天然岩样

拆掉现场取样岩石的密封包装，立即测定其天然含水率，并将岩样加工成标准岩样。岩样加工完成后，将岩样放入干燥箱，保持其天然状态，称重。

2）制作干燥岩样

制作干燥岩样，需将岩石加工成标准岩样后，通过加热的方法将岩样中的孔隙水蒸发。常用的方法为将不含矿物结晶水的岩样放入烘箱中，在 105～110℃的温度下烘干 24h，直至岩样质量不发生变化。取出干燥的岩样放入干燥器内，冷却至室温后称重。

3）制作饱和岩样

岩样的饱水处理与干燥处理相反，通过排气、浸泡水的方法排除岩样内部的气体，使得岩样内部空隙充满水。实验室常用自由吸水法和真空抽气法。研究表明，真空抽气法较自由浸水法更接近实际工程情形，本次试验采用真空抽气法。真空抽气法是一种强制性方法，将岩样内的气体抽出后，让液体充满，以达到饱和。具体操作为：将岩样放入真空缸，加蒸馏水淹没岩样，打开真空泵，当真空压力表达到 100kPa，抽气 4h，直到无气泡并静置 4h，取出岩样，擦去水分称重，后放至保湿容器等待后续试验。

4）制作介于自然与饱和之间的岩样

同样采用真空抽气法，将抽气时间控制为 2h，取出称重。

3.1.3　试验仪器设备

本次试验预设为单轴压缩条件下单裂隙不同含水状态下的岩样力学特性及其机理研究，因此，含水状态设为干燥状态、天然状态、饱和状态。试验设备主要包括两类，一类是测定岩石基本物理参数的设备；另一类是测定岩石力学性质的压缩设备。测定岩石基本物理参数的设备包含：烘箱、干燥器、精确度为 0.01g的电子天平、密封的称量器具、真空抽气机、保湿器皿、声波检测分析仪。

1）电子天平

岩样尺寸的测量采用精度为 0.02mm 的游标卡尺，质量测量采用杭州英衡称重设备公司生产的精度为 0.01g 的方盘电子天平（图 3.4）。

2）干燥箱

试验中采用的烘箱为 A 型鼓风电热恒温干燥箱（图 3.5），该设备采用电阻棒加热元件，加热功率为 3.5 kW，可以对箱内温度自动设定，并可设置为恒温，箱内最高温度可达 300℃，控温器灵敏度控制在 0.1℃范围。

图 3.4　电子天平　　　　　　　　　　图 3.5　干燥箱

3)超声波检测仪

对岩样进行超声波检测可以利用声波传递的速度、传播时间和波形间接反映岩样内部的力学特性和结构构造等，从而判断岩样内均质性，剔除偏差大的岩样，保证试验结果的准确性(图 3.6)。本次试验采用 AM-4A 非金属超声波检测分析仪(图 3.7)，该设备自带微处理器，声时量程为 9999.9μs；采样频率为 1Hz、2Hz、5Hz、10Hz；频响范围为 500Hz～500kHz；探头频率为 12.5Hz～500kHz，仪器上的操作会实时显示在显像管上，操作简单，功能齐全、安全性高且具有较高的可靠性。

 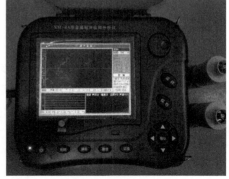

图 3.6　保湿器皿　　　　　　　　图 3.7　AM-4A 非金属超声波检测分析仪

4)万能试验机

本次试验采用西京学院购置的 MTS815 型号微机控制电液伺服万能试验机

（图 3.8）。该试验机可以进行岩石或混凝土等材料的常规压缩及流变试验等力学性能测试，主要参数见表 3.1。在试验过程中，操作者可以通过人为干预改变控制参数，如加载速率、力的大小、变形速率等参数，或者通过预设试验控制操作步骤，由试验机自行完成。试验结束后，系统会自动提供应力-应变曲线，并可自动得出弹性模量、应变、泊松比等力学参数，导出文件为 txt.格式，方便后续处理。该试验机由主控计算机、数字控制器、三轴压力源、液压油源、手动控制器及各种附件构成。

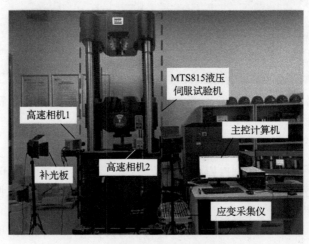

图 3.8　MTS815 电液伺服万能试验机

表 3.1　MTS815 液压伺服试验机参数指标

加载系统/kN	设备刚度/(N/m)	加载高度/m
0～1700	10.5×10^9	200

5）高速相机

为得到试验过程中岩样压缩的变形破坏形态，采用两台日本生产的 HAS-D72 高速相机进行全过程拍摄，拍摄角度如图 3.9 所示，该型号图像传感器可以满足 2000 帧/s 的拍摄速度及 130 万像素（1280 像素×1028 像素），并具有 usb3.0 高速接口，广泛用于各种科研领域。

6）智能数字静态电阻应变仪

为监测岩样受压条件下横向变形及纵向变形（图 3.10），采用北京泰瑞金星仪器有限公司生产的 YJZ-16 型智能数字应变仪（图 3.11），该设备具有简明快捷的人机对话窗口，可录用主机或 PC 双向设置控制，同时具有自动、手动两种采集和平衡方式。具体技术指标见表 3.2。

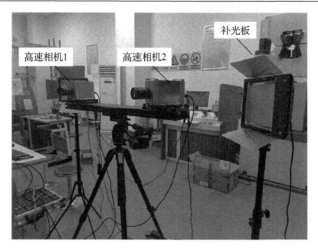

图 3.9 HAS-D72 高速相机

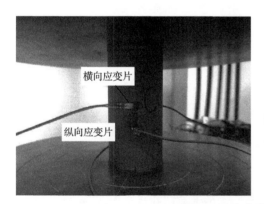
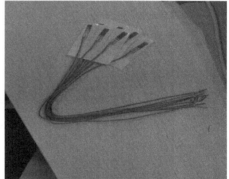

图 3.10 应变片及粘贴方式

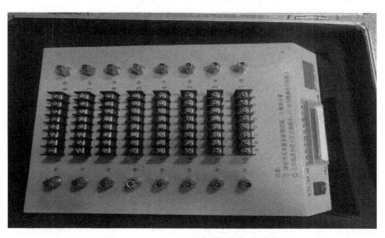

图 3.11 YJZ-16 型智能数字应变仪

表 3.2　YJZ-16 型智能数字应变仪技术指标

精度	量程	采集速率
测量值的± 0.1%	双向±19999 με,单向±32000 με	1.2s/点

3.1.4　含水率测定试验

含水率测定试验是表征岩样内部含水状态指标的试验。通过含水率测定试验可以得到含水量与含水率两个含水指标[102]。这两个指标在岩土工程领域的应用较为混乱，含水量是岩石放在烘箱（105～110℃）中，烘干至恒重所失去水分的质量；含水率是岩样含水量与烘干后岩样的质量之比，以百分数表示，工程上常用含水率作为测定指标。

岩石天然含水率、吸水率、饱和吸水率根据《岩石力学试验教程》，试验结果按照下面公式测算：

$$\omega_0 = \left(\frac{m_0 - m_{\mathrm{d}}}{m_{\mathrm{d}}} \right) \times 100 \tag{3.1}$$

$$\omega_{\mathrm{a}} = \left(\frac{m_{\mathrm{a}} - m_{\mathrm{d}}}{m_{\mathrm{d}}} \right) \times 100 \tag{3.2}$$

$$\omega_{\mathrm{s}} = \left(\frac{m_{\mathrm{s}} - m_{\mathrm{d}}}{m_{\mathrm{d}}} \right) \times 100 \tag{3.3}$$

式中，ω_0、ω_{a}、ω_{s} 分别为岩样天然含水率、吸水率、饱和含水率，%；m_0、m_{a}、m_{d}、m_{s} 分别为岩样天然、烘干、浸水 48h、强制饱和质量，g。

3.1.5　超声波波速测试

应力波是某种物体扰动或状态参数的变化在介质中传播。应力波是在固体介质传递的波，岩石力学中应力波主要包括：弹性波、黏弹性波、塑性波及冲击波四种。

岩石超声波波速测试技术是以弹性波在岩体中的传播理论为依据，高频波为载体，根据从发射端至接收端的波形和到达时间 T，来计算波速 V[103]：

$$P = \frac{L}{T} \tag{3.4}$$

式中，P 为岩样测试中的超声波波速；L 为岩样的长度；T 为声波到接收端的时间。

为获得干燥状态下红砂岩岩样，将加工好的完整及含裂隙岩样，放进烤箱采用真空饱和抽气法进行测定[104]。

干燥状态：首先采用精度 0.01g 的电子天平及游标卡尺测量所有岩样在自然状态下的质量和尺寸。然后将岩样放于烘箱中，在 105~110℃温度下烘干 24h，取出后将岩样放入干燥器。

天然状态：天然状态下岩样加工完成后，清除尘土等杂质称其质量。对干燥后的岩样冷却至室温后称重。

饱和状态：采用自由浸水法。将岩样在 105~110℃温度下烘干 24h，取出后将岩样放入干燥器；岩样逐步放入水中，先淹没岩样高度的 1/4，以后每隔 2h 水位分别升至岩样高度的 1/2 和 3/4 处，6h 后全部将岩样浸没；岩样在自由水中吸水 48h，取出擦去表面水分，称重。自然与饱和之间的含水率：根据浸水时间设定，浸水时间小于 48h。

3.2 单轴压缩条件下裂隙岩体力学特性及破裂特征

3.2.1 不同含水状态下岩样力学特性及裂隙扩展分析

1）试验方案

为更好地对比不同含水状态下岩样的力学特性及裂隙扩展规律，选择 3 种不同含水率的岩样：干燥状态，含水率为 0%；天然状态，含水率为 0.91%；饱和状态，含水率为 5.06%。随后在 MTS815 岩石力学综合试验系统上进行单轴压缩试验。图 3.12 展现了岩样处理后的成果图。

图 3.12 岩样单轴压缩试验成果图

数据处理时，选取最具代表性、误差较小的一组试验进行分析，最终确定试验方案，见表 3.3。

表 3.3　不同含水状态下岩样方案

序号	含水状态	裂隙长度/mm	岩样编号	裂隙倾角/(°)
1	干燥状态(A)		A-5-0	0
2	干燥状态(A)		A-5-30	30
3	干燥状态(A)		A-5-45	45
4	干燥状态(A)		A-5-60	60
5	天然状态(B)		B-5-0	0
6	天然状态(B)		B-5-30	30
7	天然状态(B)	5	B-5-45	45
8	天然状态(B)		B-5-60	60
9	饱和状态(C)		C-5-0	0
10	饱和状态(C)		C-5-30	30
11	饱和状态(C)		C-5-45	45
12	饱和状态(C)		C-5-60	60

2)岩样应力-应变分析

图 3.13 为不同含水状态下(其中 A 为干燥状态,B 天然状态,C 为饱和状态),预制裂隙长度为 5mm,裂隙倾角分别为 0°、30°、45°、60°的四组岩样的应力-应变曲线。平行对比试验曲线可知,不同含水状态下岩样应力-应变曲线具有较好的相似性,其力学特性及变形特征随含水率变化趋势相同,随着含水率增加,岩样抗压强度降低,弹性模量减小,峰值应变减小。纵向对比试验曲线可知,岩样含水率和裂隙长度一定时,裂隙倾角改变对岩样的抗压强度影响不大,总体变化趋势相似,岩样含水率对岩样抗压强度影响占主导作用,因此选择相同预制裂隙长度和裂隙倾角的岩样,单独分析在不同含水状态下岩样的应力-应变曲线,如图 3.14所示。

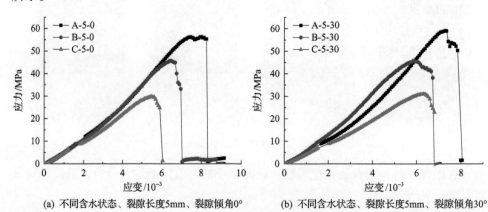

(a) 不同含水状态、裂隙长度5mm、裂隙倾角0°　　　(b) 不同含水状态、裂隙长度5mm、裂隙倾角30°

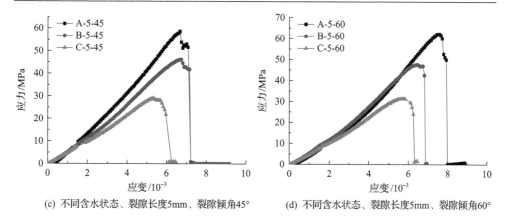

(c) 不同含水状态、裂隙长度5mm、裂隙倾角45°　　(d) 不同含水状态、裂隙长度5mm、裂隙倾角60°

图3.13　不同含水状态下单裂隙岩样的应力-应变曲线

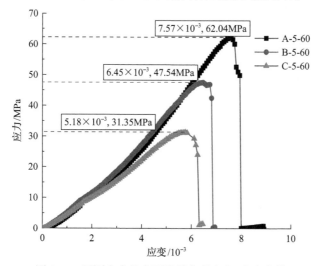

图3.14　不同含水状态下岩样典型应力-应变曲线

由图3.14可知，岩样含水率由0%增长至1.12%，抗压强度由62.04MPa降至47.54MPa，弹性模量由9.74GPa降至8.35GPa，峰值应变由$7.57×10^{-3}$降至$6.45×10^{-3}$；当含水率由1.12%增长至4.85%时，抗压强度由47.54MPa降至31.35MPa，弹性模量由8.35GPa降至6.19GPa，峰值应变由$6.45×10^{-3}$降至$5.18×10^{-3}$。抗压强度降幅约为49.47%，弹性模量降幅约为38.84%，峰值应变降幅约为31.57%。

岩石在压缩破坏过程中具有多阶段性，各阶段内的能量演化差异导致岩石内部原始微裂纹压缩闭合与新裂纹的扩展程度不同，宏观表现为岩样的特征强度和破坏模式的不同。Martin和Chandler将岩石压缩破坏过程分为裂隙压密阶段Ⅰ、弹性阶段Ⅱ、微裂纹稳定扩展阶段Ⅲ、裂纹加速扩展阶段Ⅳ和峰后阶段Ⅴ[105]。干燥岩样在达到峰值强度前应力-应变曲线呈线弹性变化，达到峰值应力后迅速跌落。从峰后曲线来看，轴向应力在达到峰值后，应力跌落时的轴向应变ε_1非常小，脆性特征明显。随着岩样含水率的增大,应力-应变曲线的裂隙压密阶段区间增大,弹性阶段区间减小,岩样屈服阶段更为明显,达到峰值应力过后跌落速率变缓,未出现跌落平台。

3) 不同含水率条件下岩样力学特性分析

根据不同含水率条件下的单轴压缩试验数据可以得出岩样的峰值应力、峰值应变和弹性模量,根据前人研究,岩样的抗压强度与含水率呈负线性函数关系,弹性模量与含水率呈正指数关系[106-108]。因此将所测数据进行相同的函数关系拟合,具有较好的拟合度。图 3.15 为峰值应力拟合曲线,图 3.16 为含水率与弹性模量拟合曲线。

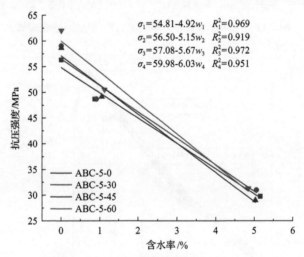

$\sigma_1=54.81-4.92w_1$ $R_1^2=0.969$
$\sigma_2=56.50-5.15w_2$ $R_2^2=0.919$
$\sigma_3=57.08-5.67w_3$ $R_3^2=0.972$
$\sigma_4=59.98-6.03w_4$ $R_4^2=0.951$

图 3.15　含水率与抗压强度的拟合曲线

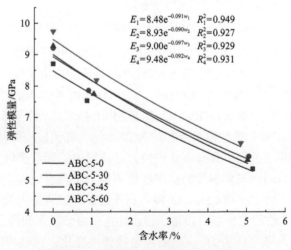

$E_1=8.48e^{-0.091w_1}$ $R_1^2=0.949$
$E_2=8.93e^{-0.090w_2}$ $R_2^2=0.927$
$E_3=9.00e^{-0.097w_3}$ $R_3^2=0.929$
$E_4=9.48e^{-0.092w_4}$ $R_4^2=0.931$

图 3.16　含水率与弹性模量的拟合曲线

根据拟合曲线，峰值应力随着含水率的增加而降低，呈负线性关系，弹性模量和含水率呈负指数关系。观察各种状态下的拟合曲线可以看出，变化规律有非常好的相似性，曲线有较好的拟合度（R^2 均大于 0.9），由此得出岩样抗压强度和弹性模量与含水率之间的函数表达式如下：

$$\sigma_{c} = \sigma_{c0} - cw$$
$$E = E_0 \exp(-aw) \tag{3.5}$$

式中，σ_c 和 E 分别为不同含水率条件下含裂隙岩样的抗压强度和弹性模量；σ_{c0} 和 E_0 分别为干燥状态下岩样的抗压强度和弹性模量；a，c 均为拟合参数；w 为岩样含水率。

4）不同含水率条件下岩样裂隙破坏模式分析

岩样含水率的变化使岩样的力学特性发生变化，在单轴压缩后岩样的破坏形态也有所不同。本次试验对不同含水率条件下岩样单轴压缩后的破坏形态进行拍摄记录，并根据岩样的破坏形态进行素描分析，如图 3.17 所示。

图 3.17（a）～（c）为预制裂隙长度为 5mm，裂隙倾角为 0°，不同含水状态下岩样的宏观破坏形态及素描图，可以看出，干燥状态下岩样脆性破坏特征非常明显，以剪切破坏为主，岩样破坏后出现明显的剪切裂纹，沿着预制裂隙边缘扩展，但表面并未出现崩落区；随着含水率增加为 0.87%（天然状态），岩样破坏形式以拉伸—剪切组合形式发生破坏，出现少量拉伸裂纹和多条剪切分叉裂纹，但以剪切裂纹为主，岩样出现大范围的崩落区［图 3.17（b）中虚线部分］，脆性破坏特征较干燥状态减弱；当岩样含水率增加为 5.16%（饱和状态）后，岩样也以拉伸—剪切组合形式发生破坏，但破坏后岩样产生的裂纹数目增多，破坏形式也更趋于复杂，但饱和岩样脆性特征不明显，裂纹产生较多，并未出现崩落区。

图 3.17（d）～（f）为预制裂隙长度为 15mm，裂隙倾角为 0°，不同含水状态下岩样的宏观破坏形态及素描图，其破坏趋势与预制裂隙长度为 5mm 的岩样大致相同，破坏模式以剪切破坏为主，但预制裂隙长度越长，岩样破坏范围越大，裂纹产生的数目越多，天然状态脆性明显，破坏剧烈，天然状态崩落区增大，饱和状态裂纹数目增多，深度增加。

由此可知，岩样随着含水率的升高破坏程度越激烈，分析认为在干燥状态下岩样内部物质较为均匀，破坏主要为剪切破坏，随着含水率的加大，岩样受水影响导致抗压强度降低，泊松比增大，变形增强，拉伸和剪切作用增强，产生的裂纹增多。水分对岩体的损伤主要包括两方面：一方面是结合水损伤作用，结合水是指矿物对水分子吸附力超过重力而被束缚在矿物表面的水，水分吸附在矿物颗粒表面，会使可溶盐和胶体水解，导致矿物颗粒间的连接力减弱，摩擦力降低，

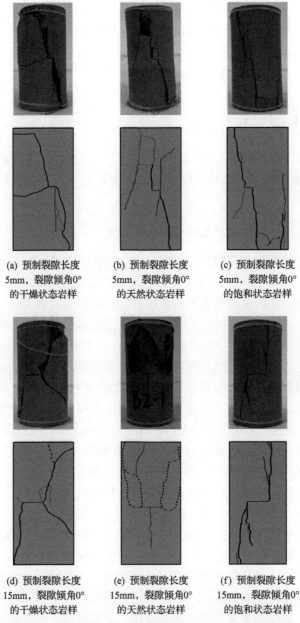

(a) 预制裂隙长度　　　　(b) 预制裂隙长度　　　　(c) 预制裂隙长度
5mm，裂隙倾角0°　　　5mm，裂隙倾角0°　　　5mm，裂隙倾角0°
的干燥状态岩样　　　　的天然状态岩样　　　　的饱和状态岩样

(d) 预制裂隙长度　　　　(e) 预制裂隙长度　　　　(f) 预制裂隙长度
15mm，裂隙倾角0°　　　15mm，裂隙倾角0°　　　15mm，裂隙倾角0°
的干燥状态岩样　　　　的天然状态岩样　　　　的饱和状态岩样

图 3.17　不同含水状态下岩样的宏观破坏形态及素描图

岩体强度降低；另一方面是自由水的损伤作用，自由水主要受重力作用，不受着力作用，当岩样受载时，水未排出，在孔隙中会产生很高的孔隙水压力，使得微裂纹端部受应力集中作用处于受拉状态，发生扩展。结合水引起初始损伤作用，自由水导致加载过程产生叠加损伤，两者共同作用加剧了受载岩样的破坏。

3.2.2 饱和状态下不同裂隙长度岩样的力学特性及裂隙扩展分析

1）试验方案

为更好地对比饱和状态下不同裂隙长度岩样的力学特性及裂隙扩展规律，本次试验选择了 3 种不同裂隙长度的岩样，分别为 5cm、15cm、25cm。随后在 MTS815 岩石力学综合试验系统上进行单轴压缩试验。图 3.18 展现了不同裂隙长度的岩样压缩破坏后的成果图。

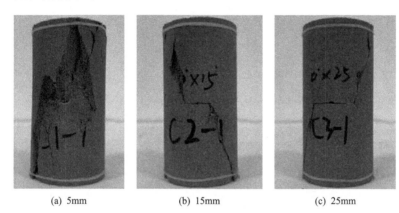

| (a) 5mm | (b) 15mm | (c) 25mm |

图 3.18 不同裂缝长度岩样压缩破坏后成果图

数据处理时，选取最具代表性、误差较小的一组试验进行分析，最终确定试验方案，见表 3.4。

表 3.4 饱和状态下不同裂隙长度岩样方案

序号	含水状态	裂隙长度/mm	岩样编号	裂隙倾角/(°)
1			C-5-0	0
2	饱和状态(C)	5	C-5-30	30
3			C-5-45	45
4			C-5-60	60
5			C-15-0	0
6	饱和状态(C)	15	C-15-30	30
7			C-15-45	45
8			C-15-60	60
9			C-25-0	0
10	饱和状态(C)	25	C-25-30	30
11			C-25-45	45
12			C-25-60	60

2）岩样应力-应变分析

图 3.19 为不同预制裂隙长度（分别为 5mm、15mm、25mm）条件下，岩样均为饱和状态，裂隙倾角分别为 0°、30°、45°、60°的四组岩样的应力-应变曲线。平行对比试验曲线可知，不同预制裂隙长度条件下岩样应力-应变曲线具有较好的相似性，其力学特性及变形特征随含水率变化趋势相同，随着预制裂隙长度的增加，岩样抗压强度降低，弹性模量减小。纵向对比试验曲线可知，岩样含水状态和裂隙长度一定时，裂隙倾角改变对岩样的抗压强度影响不大，总体变化趋势相似，预制裂隙长度对岩样抗压强度影响占主导作用。

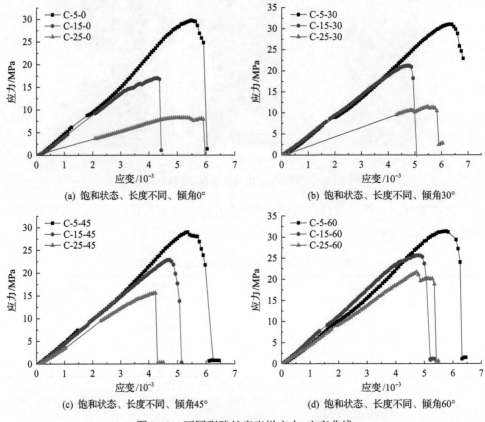

(a) 饱和状态、长度不同、倾角0°　　　　(b) 饱和状态、长度不同、倾角30°

(c) 饱和状态、长度不同、倾角45°　　　　(d) 饱和状态、长度不同、倾角60°

图 3.19　不同裂隙长度岩样应力-应变曲线

由图 3.19(a)可知，岩样均处于饱和状态下，岩样预制裂隙长度由 5mm 增长为 15mm，抗压强度由 29.75MPa 降至 16.98MPa，弹性模量由 6.37GPa 降至 4.67GPa；当岩样预制裂隙长度由 15mm 增长至 25mm 时，抗压强度由 16.98MPa 降至 8.19MPa，弹性模量由 4.67GPa 降至 1.71GPa。抗压强度降幅约为 73.96%，弹性模量降幅约为 51.77%。不同预制裂隙长度岩样在单轴压缩过程中均经历压

密、弹性、屈服和破坏四个阶段，随着预制裂隙长度的增加，弹性模量变化幅度
逐渐增大，峰后应力跌落速率加快，几乎不存在残余应力。

3）饱和状态下不同裂隙长度岩样力学特性分析

根据不同裂隙长度岩样的单轴压缩试验数据可以得出岩样的峰值应力、峰值
应变和弹性模量。根据前人研究，岩样的抗压强度与岩样裂隙长度呈负线性函数
关系，弹性模量与裂隙长度呈负指数关系[109-111]。因此将所测数据进行相同的函
数关系拟合，具有较好的拟合度。图 3.20 为抗压强度与裂隙长度拟合曲线，图 3.21
为弹性模量与裂隙长度拟合曲线。

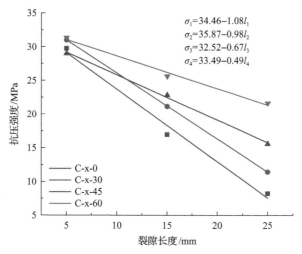

$$\sigma_1=34.46-1.08l_1$$
$$\sigma_2=35.87-0.98l_2$$
$$\sigma_3=32.52-0.67l_3$$
$$\sigma_4=33.49-0.49l_4$$

图 3.20 抗压强度与裂隙长度拟合曲线

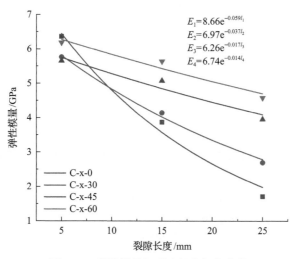

$$E_1=8.66e^{-0.059l_1}$$
$$E_2=6.97e^{-0.037l_2}$$
$$E_3=6.26e^{-0.017l_3}$$
$$E_4=6.74e^{-0.014l_4}$$

图 3.21 弹性模量与裂隙长度拟合曲线

　　根据拟合曲线，峰值应力随着预制裂隙长度的增加而降低，呈负线性关系，弹性模量和裂隙长度呈负指数关系。观察各种状态下的拟合曲线，可以看出变化规律有非常好的相似性，曲线有较好的拟合度（R^2 均大于 0.9），由此可得出饱和状态下岩样抗压强度和弹性模量与裂隙长度之间的函数表达式如下：

$$\sigma_c = \sigma_{c0} - cl$$
$$E = E_0 \exp(-al)$$
（3.6）

式中，σ_c 和 E 分别为饱和状态下不同裂隙长度岩样的抗压强度和弹性模量；σ_{c0} 和 E_0 分别为裂隙长度为 0 时岩样的抗压强度和弹性模量；a，c 均为拟合参数；l 为岩样预制裂隙长度。

　　对比抗压强度和弹性模量与含水率拟合曲线（图 3.15、图 3.16）发现，抗压强度与含水率拟合的负线性函数 c 值更大，说明含水率对岩样抗压强度的影响更大；弹性模量与岩样含水率拟合的负指数函数 a 值更大，说明含水率对岩样弹性模量的影响也更大。

4）饱和状态下不同裂隙长度岩样裂隙破坏模式分析

　　预制裂隙长度的变化使岩样的力学特性发生变化，在单轴压缩后岩样破坏形态也有所不同。本次试验对饱和状态下不同裂隙长度岩样单轴压缩后的破坏形态进行拍摄记录，并根据岩样的破坏形态进行素描分析，如图 3.22 所示。

　　图 3.22（a）～（c）为岩样饱和状态下，预制裂隙倾角为 0°，不同裂隙长度岩样的宏观破坏形态及素描图，可以看出，预制水平裂隙扩展趋势大致相同，两端产生翼型拉裂隙，预制裂隙上端产生的翼型拉裂隙贯通至岩样顶部，在岩样顶部裂隙方向平行于轴向应力方向；而预制裂隙下端产生的翼型拉裂隙也以平行于轴向应力方向进行扩展，贯通至岩样底部，整个岩样被预制裂隙和上下两端产生的翼型拉裂隙从岩样中部贯通。当水平预制裂隙长度由 5mm 增加为 15mm 时，预制裂隙上下两端产生的次生裂隙均出现分叉拉伸剪切裂隙，下部分叉裂隙更为明显；当裂隙长度由 15mm 增加为 25mm 时，预制裂隙中部出现新的次生拉伸裂隙，方向垂直于预制裂隙，且上部产生分叉剪切裂隙更多，并出现小范围的崩落区域（虚线部分）。

　　图 3.22（d）～（f）为岩样饱和状态下，预制裂隙倾角为 60°，不同裂隙长度岩样的宏观破坏形态及素描图，与裂隙倾角 0°对比可得，倾角 0°岩样较倾角 60°岩样破坏更为剧烈，后者岩样翼型拉裂隙未贯通岩样的上下部，但局部破坏更为严重，在预制裂隙和次生裂隙之间出现了较大范围的崩落区（虚线部分）。

　　从整体破坏形式来看，岩样在预制裂隙两端产生翼型拉伸裂隙，并发展贯通至岩样上下两端，破坏以剪切破坏为主，岩样破坏后出现明显的剪切裂纹，其破坏区域及崩落区范围也受裂隙倾角的影响；但随着裂隙长度的增加，岩样破坏后产生的裂纹数目增多，破坏形式也更趋于复杂。

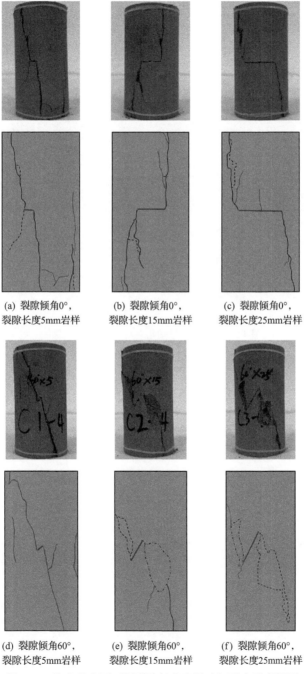

(a) 裂隙倾角0°，　　　(b) 裂隙倾角0°，　　　(c) 裂隙倾角0°，
裂隙长度5mm岩样　　　裂隙长度15mm岩样　　　裂隙长度25mm岩样

(d) 裂隙倾角60°，　　　(e) 裂隙倾角60°，　　　(f) 裂隙倾角60°，
裂隙长度5mm岩样　　　裂隙长度15mm岩样　　　裂隙长度25mm岩样

图 3.22　饱和状态下不同裂隙长度岩样破坏形态及素描图

3.2.3 饱和状态下不同裂隙倾角岩样的力学特性及裂隙扩展分析

1）试验方案

为更好地对比饱和状态下不同裂隙倾角岩样的力学特性及裂隙扩展规律，本次试验选择了 4 种不同裂隙倾角岩样，分别为 0°、30°、45°、60°，随后在 MTS815 岩石力学综合试验系统上进行单轴压缩试验。图 3.23 展现了不同裂隙倾角岩样压缩破坏后的成果图。

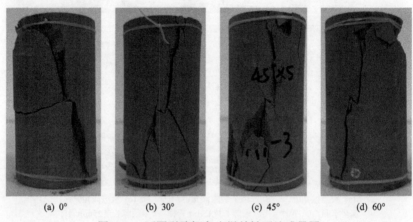

(a) 0°   (b) 30°   (c) 45°   (d) 60°

图 3.23   不同裂隙倾角岩样单轴压缩成果图

数据处理时，选取最具代表性、误差较小的一组试验进行分析，最终确定试验方案，见表 3.5。

表 3.5   饱和状态下不同裂隙倾角岩样试验方案

序号	含水状态	裂隙长度/mm	岩样编号	裂隙倾角/(°)
1			C-5-0	0
2		5	C-5-30	30
3			C-5-45	45
4			C-5-60	60
5			C-15-0	0
6	饱和状态(C)	15	C-15-30	30
7			C-15-45	45
8			C-15-60	60
9			C-25-0	0
10		25	C-25-30	30
11			C-25-45	45
12			C-25-60	60

2）岩样应力-应变分析

图 3.24 为不同预制裂隙倾角（分别为 0°、30°、45°、60°）下，岩样均为饱和状态，裂隙长度分别为 5mm、15mm、25mm 的三组岩样应力-应变曲线，平行对比试验曲线可知，不同预制裂隙倾角条件下岩样应力-应变曲线具有较好的相似性，其力学特性及变形特征与裂隙倾角变化趋势相反，预制裂隙倾角增大，岩样抗压强度增大，弹性模量也相应增大。

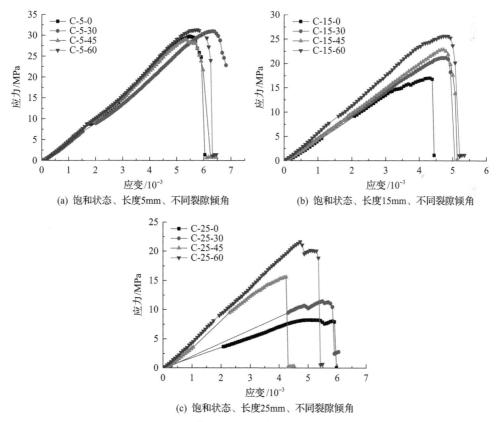

(a) 饱和状态、长度5mm、不同裂隙倾角　　　(b) 饱和状态、长度15mm、不同裂隙倾角

(c) 饱和状态、长度25mm、不同裂隙倾角

图 3.24　饱和状态下不同裂隙倾角岩样应力-应变曲线

由图 3.24（b）可知，岩样均处于饱和状态下，岩样预制裂隙倾角由 0°增长为 30°，抗压强度由 16.98MPa 增至 21.14MPa，弹性模量由 4.67GPa 增至 4.85GPa；当岩样预制裂隙倾角由 30°增长至 45°时，抗压强度由 21.14MPa 增至 22.84MPa，弹性模量由 4.85GPa 增至 5.58GPa；当岩样预制裂隙倾角由 45°增长至 60°时，抗压强度由 22.84MPa 增至 25.63MPa，弹性模量由 5.58GPa 增至 6.14GPa。抗压强度增幅约为 33.75%，弹性模量增幅约为 23.94%。不同预制裂隙倾角岩样在单轴压缩过程中均经历压密、弹性、屈服和破坏四个阶段，随着预制裂隙倾角的增加，

弹性模量变化幅度逐渐增大，峰后应力跌落速率降低，几乎不存在残余应力。

3) 饱和状态下不同裂隙倾角岩样力学特性分析

　　根据不同预制裂隙长度条件下所测得的单轴压缩试验数据可以得出岩样的峰值应力、峰值应变和弹性模量。根据前人研究，岩样的抗压强度与岩样裂隙倾角呈正指数关系，弹性模量与裂隙倾角也呈正指数关系[112-114]。因此将所测数据进行相同的函数关系拟合，具有较好的拟合度。图 3.25 为抗压强度与裂隙倾角拟合曲线，图 3.26 为弹性模量与裂隙倾角拟合曲线。

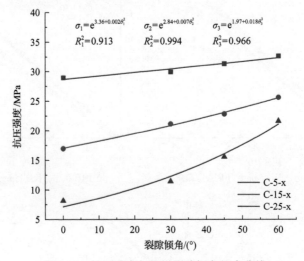

图 3.25　抗压强度与岩样裂隙倾角拟合曲线

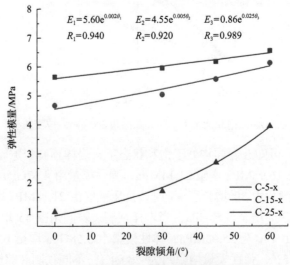

图 3.26　弹性模量与岩样裂隙倾角拟合曲线

　　根据拟合曲线，峰值应力随着预制裂隙倾角的增大而增大，呈正指数关系，弹性模量和岩样裂隙长度呈正指数关系。观察各种状态下的拟合曲线，可以看出变化规律有非常好的相似性，曲线有较好的拟合度（R^2 均大于 0.9），由此得出饱和状态下岩样抗压强度和弹性模量与裂隙倾角之间的函数表达式如下：

$$\sigma_c = \exp(b + c\theta)$$
$$E = E_0 \exp(a\theta) \tag{3.7}$$

式中，σ_c 和 E 分别为饱和状态下不同裂隙长度岩样的抗压强度和弹性模量；E_0 为裂隙倾角为 0°时岩样的弹性模量；a、b、c 均为拟合参数；θ 为岩样预制裂隙倾角。

　　对比抗压强度和弹性模量与含水率和裂隙长度拟合曲线可得，含水率对岩样抗压强度和弹性模量的影响最大，其次为岩样预制裂隙长度，裂隙倾角对岩样抗压强度的影响最小。随着岩样含水率和预制裂隙长度的增加，岩样抗压强度和弹性模量降低；随着裂隙倾角的增加，岩样抗压强度和弹性模量增加。

　　4）饱和状态下不同裂隙倾角岩样裂隙破坏模式分析

　　岩样预制裂隙倾角的变化会使岩样的力学特性发生变化，在单轴压缩后岩样破坏形态也有所不同。本次试验对饱和状态下不同裂隙倾角岩样单轴压缩后的破坏形态进行拍摄记录，并根据岩样的破坏形态进行素描分析，如图 3.27 所示。

　　图 3.27（a）～（d）为饱和状态下，预制裂隙长度为 15mm，不同裂隙倾角岩样的宏观破坏形态及素描图，可以看出，不同裂隙倾角岩样破坏形态有较大不同，岩样裂隙倾角为 0°时，预制裂隙上下端产生次生翼型拉伸裂隙，预制裂隙上部翼型裂隙发展贯通岩样顶部，并出现一定崩落区；预制裂隙下部产生的次生裂隙发展贯通至岩样底部，未出现崩落区，但出现分叉裂隙，最终次生裂隙扩展方向均平行于轴向应力方向。当裂隙倾角为 30°时裂隙扩展趋势大致相同，但下端产生的次生裂隙未贯通岩样底部，崩落区域也相应减小；裂隙倾角为 45°时，裂隙扩展形态与裂隙倾角 30°时类似，但崩落范围有小幅增大；当裂隙倾角为 60°时，发现岩样破坏形态发生较大变化，预制裂隙上下端产生的次生翼型拉裂隙扩展范围明显减小，上部扩展未到达岩样顶部，但是局部破坏非常明显，崩落区范围较大，整体破坏不明显，裂隙未贯穿岩样上下端。

　　图 3.27（e）～（h）为饱和状态下，预制裂隙长度为 25mm，不同裂隙倾角岩样的宏观破坏形态及素描图，与裂隙长度为 15mm 对比，裂隙长度 25mm 岩样较裂隙长度 15mm 岩样整体破坏更为剧烈，但随着裂隙倾角的增大，岩样破坏趋势与前者相似，不再叙述。后者岩样翼型次生拉裂隙未贯通岩样上下部，但局部破坏更为严重，在预制裂隙和次生裂隙之间出现了较大范围的崩落区（虚线部分）。

　　从整体破坏形式来看，无论裂隙倾角大小，岩样在预制裂隙两端产生翼型拉

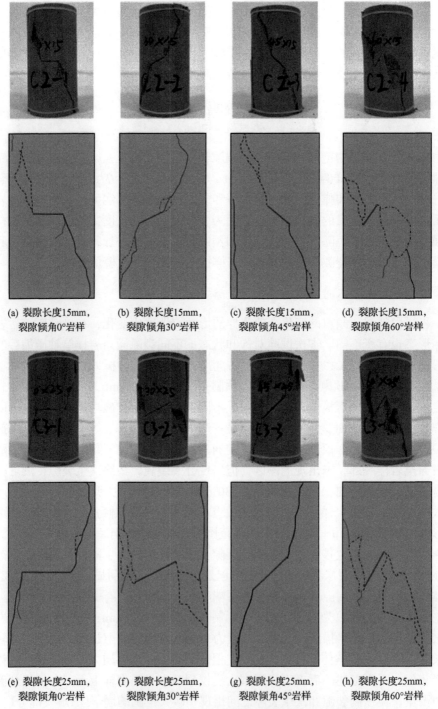

(a) 裂隙长度15mm，裂隙倾角0°岩样

(b) 裂隙长度15mm，裂隙倾角30°岩样

(c) 裂隙长度15mm，裂隙倾角45°岩样

(d) 裂隙长度15mm，裂隙倾角60°岩样

(e) 裂隙长度25mm，裂隙倾角0°岩样

(f) 裂隙长度25mm，裂隙倾角30°岩样

(g) 裂隙长度25mm，裂隙倾角45°岩样

(h) 裂隙长度25mm，裂隙倾角60°岩样

图 3.27　饱和状态下不同裂隙倾角岩样破坏形态及素描图

伸裂隙，以剪切破坏为主，岩样破坏后出现明显的剪切裂纹，其破坏区域及崩落区范围主要受裂隙倾角的影响；岩样裂隙倾角越小，上下两端翼型拉伸裂纹扩展贯通越明显，其整体破坏程度越大；但裂隙倾角越大，岩样预制裂隙附近破坏越剧烈，即局部破坏更大，局部的崩落区明显。

3.3　本章小结

本章介绍了含水状态下含裂隙岩样的预制，包括干燥、天然和饱和三种状态，不同裂隙长度、不同裂隙倾角岩样的设计和制备，以及单轴压缩试验加载设备、试验数据采集方法及仪器。采用高清相机对岩样加载过程后的破坏形式进行拍摄记录，并素描分析。通过大量的单轴压缩试验，研究了不同含水状态、不同裂隙长度、不同裂隙倾角的岩样的力学特性及裂隙破坏形态，得出如下结论。

（1）不同含水状态下岩样随着含水率的增加，岩样均呈现出压密阶段增长，弹性阶段缩短，屈服阶段更为明显的规律。而且岩样含水率越高，脆性特征逐渐减小，峰后应力的跌落速率减缓。

（2）随着含水率的增加，岩样的抗压强度和弹性模量显著降低，分别采用线性和指数函数关系拟合可得到如下关系式：

$$\sigma_c = \sigma_{c0} - cw$$
$$E = E_0 \exp(-aw)$$

峰值应力随着含水率的增加而降低，呈负线性关系；弹性模量随着含水率的增加而降低，呈现负指数关系。

（3）随着含水率的增加，岩样脆性破坏特征逐渐减弱，破坏模式依次表现为剪切破坏、拉伸—剪切组合破坏，次生裂隙均沿着预制裂隙两端向岩样上下两端扩展，并出现少量崩落区，含水率越高，裂纹产生的数目越多，破坏形式更为复杂。

（4）随着裂隙长度的增加，岩样在单轴压缩过程中均经历压密、弹性、屈服和破坏四个阶段，随着预制裂隙长度的增加，岩样的弹性模量逐渐增大，峰后应力跌落速率加快，几乎不存在残余应力。

（5）随着裂隙长度的增加，岩样峰值应力降低，呈负线性关系，岩样弹性模量和裂隙长度呈负指数关系，拟合函数曲线如下关系式：

$$\sigma_c = \sigma_{c0} - cl$$
$$E = E_0 \exp(-al)$$

对比抗压强度和弹性模量与含水率拟合曲线，抗压强度与含水率拟合的负线性函数 c 值更大，说明含水率对岩样抗压强度的影响更大；弹性模量与岩样含水率拟合的负指数函数 a 值更大，说明含水率对岩样弹性模量的影响也更大。

(6)不同裂隙长度岩样破坏模式均由预制裂隙两端开始产生翼型拉伸裂隙，并发展贯通至岩样上下两端，以剪切破坏为主，岩样破坏后出现明显的剪切裂纹，裂隙长度越短，越易发生局部破坏，产生崩落区，但随着裂隙长度的增加，预制裂隙中部出现新的次生拉伸裂隙，方向垂直于预制裂隙，且上部产生的分叉剪切裂隙更多，岩样破坏后产生的裂纹数目增多，破坏形式也更趋于复杂。

(7)不同裂隙倾角岩样的力学特性及变形特征与裂隙长度变化趋势相反，预制裂隙倾角增大，岩样抗压强度增大，弹性模量也增大。其形变过程也经历了压密、弹性、屈服和破坏四个阶段。

(8)随着裂隙倾角的增加，岩样抗压强度增大，呈正指数函数关系，弹性模量也相应增大，也呈指数关系，拟合函数曲线如下所示：

$$\sigma_c = \exp(b + c\theta)$$
$$E = E_0 \exp(a\theta)$$

对比分析含水率、裂隙长度、裂隙倾角对岩样的影响，含水率对岩样抗压强度和弹性模量的影响最大，其次为裂隙长度，裂隙倾角对岩样抗压强度的影响最小，随着岩样含水率和裂隙长度的增加，岩样抗压强度和弹性模量降低，随着裂隙倾角的增加，岩样抗压强度和弹性模量增加。

(9)无论裂隙倾角大小，岩样均在预制裂隙两端产生翼型拉伸裂隙，以剪切破坏为主，岩样破坏后出现明显的剪切裂纹，其破坏区域及崩落区范围主要受裂隙倾角的影响；岩样裂隙倾角越小，上下两端翼型拉伸裂纹扩展贯通越明显，其整体破坏程度越大；但裂隙倾角越大，预制裂隙附近岩样破坏越剧烈，即局部破坏更大，局部的崩落区明显。

4 开挖卸荷过程中露天裂隙边坡岩体变形破坏特征

4.1 概　　述

大量工程实践表明，工程岩体的破坏几乎都不是一开始就出现的，一般是由于开挖面载荷的变化引起岩体应力重分布，使得其内部结构面或薄弱部位逐渐扩展，断续节理面不断蠕变、演化，进而体现为宏观断裂和贯通滑移面。目前，对于节理裂隙扩展和贯通方面的研究，主要是在加载条件下研究，但在高陡岩质边坡裂隙岩体和地下开采研究中，工程开挖会引起岩体的大量卸荷，且范围较广，局部可能出现拉应力，对岩体损伤较大。本章通过不同加卸载方案对含裂隙岩体进行数值模拟试验，研究其力学变化特性及变形破坏特征。

4.2　开挖卸荷应力路径及试验方案

4.2.1　裂隙岩体模型

根据《岩石力学试验教程》，真三轴试验岩样尺寸设计为 70mm×70mm×70mm 的立方体，PFC 模拟岩石等胶结强度较高、可承受弯矩载荷时，一般采用平行黏结模型，其中细观结构面采用平节理模型［PFC5.0 数值模拟技术及应用］[115-117]。裂隙在走向方向上贯穿整个模型。

为考虑不同裂隙分布对岩体力学特性和破坏特征的影响，设计平行单裂隙、平行双裂隙和交叉双裂隙岩体进行对比试验分析，模型几何示意图如图 4.1 所示。

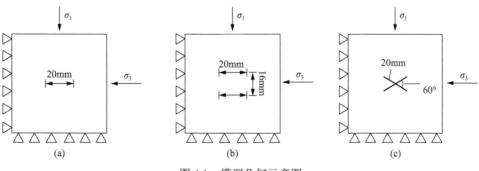

图 4.1　模型几何示意图

4.2.2　开挖卸荷应力路径

露天边坡和地下硐室的开挖，可以看作是平面应变问题，可假定岩石在平行轴向方向上没有变形，或者说变形很小可忽略。一般来说，在平行于开挖面方向上的二次应力场分布会逐渐增加，而垂直方向则会逐渐减小。因此，在分析露天边坡和地下硐室开采时，可以将开挖卸荷的过程简化为：在岩石模型的顶面和开挖面施加应力，而在其他面上施加法向变形约束；通过施加在顶面上的最大主应力 σ_1 和侧向开挖面上的最小主应力 σ_3 来模拟开挖过程中岩体平行和垂直方向上的应力变化，如图 4.2 所示，加卸载方案分为以下两组进行。

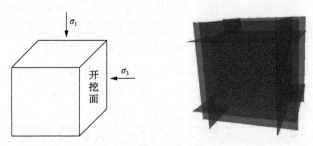

图 4.2　模型受力示意图

加卸载方案 A：同时升 σ_1 卸 σ_3。第 1 步，同时将应力加至 σ_3 的应力水平；第 2 步，升高 σ_1 至设计水平后，达到稳定状态，这一步是将岩样应力状态恢复至初始应力状态；第 3 步，σ_1 以每级 0.10 MPa 增加，同时 σ_3 以每级 0.05MPa 卸荷，每级加卸荷快速完成，平衡后，进行下一级循环，这一步是模拟深凹露天转地下开采后，地下矿体分层分步开挖卸荷过程中边坡岩体二次应力场的变化，是试验最为关键的一步；第 4 步，如果岩样在 σ_3 卸荷至 0 前破坏，则立即卸荷 σ_3 至 0，结束试验，如果 σ_3 卸荷至 0 岩样还没有破坏，则继续增加 σ_1 至岩样破坏。

加卸载方案 B：保持 σ_1 不变仅卸 σ_3。在方案 B 中仅只有卸荷作用。试验同样分四步，只有模拟围岩开挖卸荷过程的第 3 步与方案 A 不同，其他步骤一样。方案 B 第 3 步为：σ_1 加至设定值后保持不变，σ_3 以每级 0.15MPa 卸荷，每级 σ_3 卸荷快速完成，平衡后，进行下一级循环（大型地下硐室开挖围岩卸荷变形机理及其稳定性研究）。

4.2.3　开挖卸荷对比试验方案

如图 4.3 所示，根据尖山磷矿高陡岩质边坡和地下开采裂隙岩体所在深度选取三个钻孔位置取样进行试验，分别对所取岩样进行 PFC 宏细观标定试验确定模型参数。

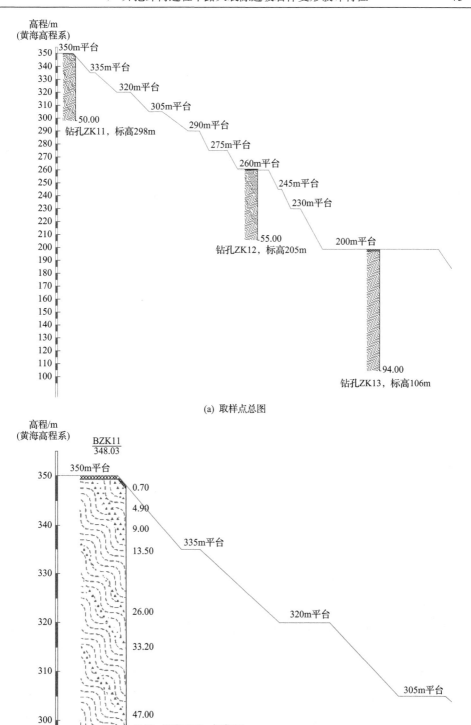

(a) 取样点总图

(b) ZK11取样点

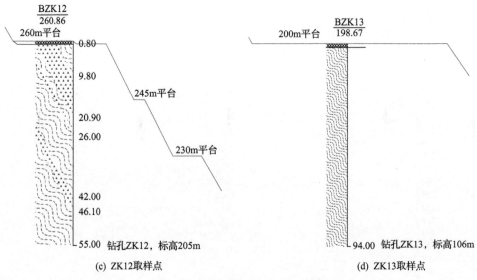

(c) ZK12取样点　　　　　　　　　　(d) ZK13取样点

图 4.3　裂隙岩体各取样点布置图

为更好地对比不同卸载速率下含裂隙岩体的力学特性和破坏特征，分别设置两组不同的卸荷条件，见表 4.1。

表 4.1　加卸荷对比试验方案

方案	初始垂直应力σ_1/MPa	初始水平应力σ_3/MPa	轴向加载	水平卸荷/(MPa/级)
方案 A1	4	2.4	0.5MPa/级	0.3
方案 A2	5	3.0	0.5MPa/级	0.3
方案 A3	6	4.2	0.5MPa/级	0.3
方案 B1	4	2.4	σ_1不变	0.6
方案 B2	5	3.0	σ_1不变	0.6
方案 B3	6	4.2	σ_1不变	0.6

4.2.4　数值模拟试验方案

为更好地阐明岩体在不同裂隙分布和不同加卸载条件下的力学特性和宏观破坏特征，整个试验分为如下两类方案。

(1)选取现场所测得的具有代表性的一组孔隙水压和典型岩样饱水状态，保持孔隙水压和岩样饱水状态一定，加卸载采用方案 A，对单裂隙、平行双裂隙和交叉双裂隙条件下岩样的全过程应力-应变曲线、宏观力学参数及裂隙的演化特征进行系统分析，共计三组试验。

(2)选取现场所测得的具有代表性的一组孔隙水压和典型裂隙岩体分布特征，选取三组初始应力水平（σ_1 及 σ_3 取三组值，即三个钻孔取样点），保持岩样饱水状态、孔隙水压及岩样初始裂隙分布特征一定，且卸荷应力分别采用方案 A 和方案 B，分别对岩样全过程应力-应变曲线、宏观力学参数及裂隙的演化特征进行系统分析，共计六组试验。具体试验方案见表 4.2。

表 4.2　数值模拟试验方案

组号	裂隙分布	含水状态	孔压	加卸载方案
1	单裂隙	饱和(典型值)	0(典型值)	方案 A2
2	平行双裂隙	饱和(典型值)	0(典型值)	方案 A2
3	交叉双裂隙	饱和(典型值)	0(典型值)	方案 A2
4	单裂隙	饱和	0(典型值)	方案 A1
5	单裂隙	饱和	0(典型值)	方案 A2
6	单裂隙	饱和	0(典型值)	方案 A3
7	单裂隙	饱和	0(典型值)	方案 B1
8	单裂隙	饱和	0(典型值)	方案 B2
9	单裂隙	饱和	0(典型值)	方案 B3

4.3　数值试验结果分析

4.3.1　模型伺服及参数标定

应用 PFC 法模拟材料力学行为，第一步就是生成初始模型，为使模拟结果接近真实的物理过程，需要模型颗粒体的堆积密度、尺寸、接触精度满足要求且初始颗粒处于受力平衡状态等条件，故采用 PFC 伺服系统，通过对模型边界条件的调整，使颗粒体系间的接触尽可能快的达到理想状态，然后在其基础上进行加卸载分析[118]。在初始模型生成之后，为使岩样的宏观和细观力学特性相互对应，根据第 3 章单轴压缩条件下所测得的岩样应力-应变曲线进行标定试验，通过反复调整 PFC 细观参数，使其达到本次模拟的精度要求，标定曲线如图 4.4 所示。

通过标定，最终确定饱和状态下岩样 PFC 细观参数，见表 4.3。

表 4.3　饱和状态下岩样 PFC 细观参数

平行黏结模量/GPa	切向黏结强度/MPa	法向黏结强度/MPa	内摩擦角/(°)	接触刚度比	颗粒密度/(kg/cm³)
3.04	9.09	9.05	28.32	2.1	2750

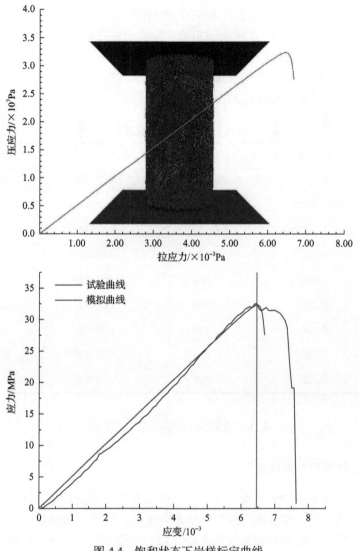

图 4.4　饱和状态下岩样标定曲线

4.3.2　加卸载条件下岩样变形特征分析

1) 加卸载方案 A 条件下岩样变形特征分析

图 4.5(a)~(c) 为单裂隙条件下, 轴向应力 σ_1 和水平应力 σ_3 分别取三组值加卸载所获得的偏应力-应变曲线, 即不同深度开挖条件下岩样的变形特征。Ⅰ 阶段为同时加卸载阶段, 轴向加压, 水平方向卸荷, 即加卸载方案 A 中的第 3 步, 也是最为重要的一步; Ⅱ 阶段为水平开挖面卸荷完成, 轴向继续加载, 即加卸载方案 A 中的第 4 步。图 4.5(d) 为三组不同取值条件下所获得的对比图。

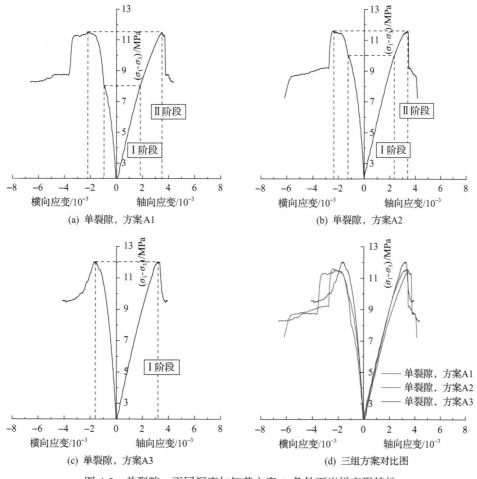

图 4.5 单裂隙，不同深度加卸载方案 A 条件下岩样变形特性

图 4.5 为不同初始地应力状态下岩样典型偏应力-应变曲线，可以得出以下结论。

(1) 轴向应变：在加卸载试验中，初始地应力越大（即 σ_1、σ_3 取值越大），峰值轴向应变逐渐减小，由 3.48‰ 减小到 3.21‰，岩体延性降低，更易发生脆性破坏，且当 $\sigma_1 = 6$ MPa，$\sigma_3 = 4$ MPa 时，如图 4.5(c) 所示，Ⅰ阶段加卸载还未完成，岩样就已经发生了破坏，说明在进行地下深部开挖时，开挖面尚未卸荷完成，含裂隙的围岩及覆岩就可能发生破坏。从峰后曲线来看，轴向应力在达到峰值后，从峰值强度跌落到残余强度的过程，即应力跌落时轴向应变 ε_1 非常小，而且初始地应力越大，跌落过程中的轴向应变 ε_1 越小，说明这种脆性特征随着开采深度的增加而更加明显。

(2) 横向应变：在加卸载试验中，横向应变的变化特征更为明显，初始地应力越大，即开采深度越深，峰值横向应变逐渐减小，由 2.25‰减小至 1.59‰，降幅较轴向应变更为明显，说明在开挖卸荷方向，开挖深度越深，延性降低越明显，越易发生卸荷破坏，且在卸荷完成时，轴向应力上升速率增大，说明卸荷完成后，开挖临空面加快了含裂隙岩样的破坏。从峰后曲线来看，轴向应力在达到峰值后，应力跌落时的横向应变 ε_3 与轴向应变 ε_1 的变化趋势一致，但横向应变 ε_3 的减小幅度更为明显，说明开挖深度越深，岩体越易发生破坏。

(3)在本次加卸载试验中，轴向加载时岩样的破坏主要是因为压缩变形，而开挖面卸载时岩样的破坏主要是沿卸荷方向的强烈扩容导致其破坏。

2)加卸载方案 B 条件下岩样变形特征分析

图 4.6(a)～(c)为单裂隙条件下，轴向应力 σ_1 和水平应力 σ_3 分别取三组值加卸

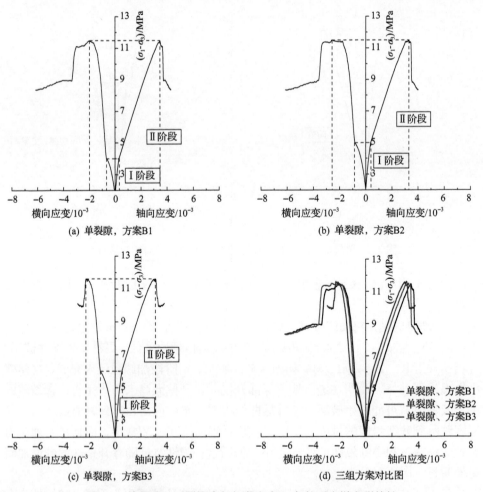

图 4.6　单裂隙，不同深度加卸载方案 B 条件下岩样变形特性

载所获得的偏应力-应变曲线，即不同深度开挖条件下岩样的变形特征。Ⅰ阶段为卸荷阶段，轴向应力保持不变，水平方向卸荷，卸荷速率为方案 A 中的两倍，即加卸载方案 B 中的第 3 步；Ⅱ阶段为水平开挖面卸荷完成，轴向继续加载，即与加卸载方案 A 中的第 4 步相同。图 4.6(d)为三组不同取值条件下所获得的对比图。

图 4.6 为不同初始地应力状态下岩样典型偏应力-应变曲线，由此可以得出以下结论。

(1)轴向应变：在卸载阶段，即Ⅰ阶段，轴向应力保持不变，水平开挖方向以 0.6 MPa/级进行卸荷，可以发现，初始地应力越大(即 σ_1、σ_3 取值越大)，峰值轴向应变逐渐减小，由 3.42‰减小到 3.13‰，代表岩体深度越深，其延性逐渐降低，更易发生脆性破坏，且在卸荷完成时，应力增长速率降低，说明水平开挖面卸荷完成后，轴向应变增加速率变大，更快达到峰值应力。从峰后曲线来看，轴向应力在达到峰值后，应力跌落时的轴向应变 ε_1 非常小，而且初始地应力越大，跌落过程中的轴向应变 ε_1 越小，说明这种脆性特征随着开采深度的增加而更加明显。与方案 A 的结论基本一致。

(2)横向应变：卸载阶段，横向应变的变化特征更为明显，初始地应力越大，即开采深度越深，峰值横向应变逐渐减小，由 2.60‰减小至 2.27‰，降幅较轴向应变更为明显，说明在开挖卸荷方向，开挖深度越深，延性降低越明显，越易发生卸荷破坏，且在卸荷完成时，轴向应力上升速率增大，说明卸荷完成后，开挖临空面加快了含裂隙岩体内部的破坏。从峰后曲线来看，轴向应力在达到峰值后，应力跌落时的横向应变 ε_3 与轴向应变 ε_1 的变化趋势一致，但横向应变 ε_3 的减小幅度更为明显，说明开挖深度越深，岩体越易发生破坏。

(3)由加卸载试验可得，含裂隙岩体深度越深，初始地应力越大，在同种开采工艺基础上，岩体卸荷时间越长，应力增长幅度更大，使岩体更快到达峰值强度发生破坏。从 A、B 两组对比试验分析可得：卸荷速率越快，对岩体轴向应变 ε_1 和横向应变 ε_3 影响越大，当卸荷完成时，会出现一个应力跳跃点，横向应变增加速率变大，说明岩样在卸荷方向变形强烈，扩容现象非常显著，脆性破坏特征很明显，且这种变形特征随着埋深的增加和卸荷速率的增大越明显。

3)不同裂隙分布岩样变形特征分析

图 4.7(a)～(c)为单裂隙、平行双裂隙和交叉双裂隙岩样在加卸载方案 A2 条件下的偏应力-应变曲线，即不同深度开挖条件下岩体的变形特征。Ⅰ阶段为同时加卸载阶段，轴向加压，水平方向卸荷，即加卸载方案 A 中的第 3 步，也是最为重要的一步，Ⅱ阶段为水平开挖面卸荷完成，轴向继续加载，即加卸载方案 A 中的第 4 步。图 4.7(d)为三组不同裂隙分布岩样对比图。

图 4.7 为不同裂隙分布岩样的典型偏应力-应变曲线，由此可以得出以下结论。

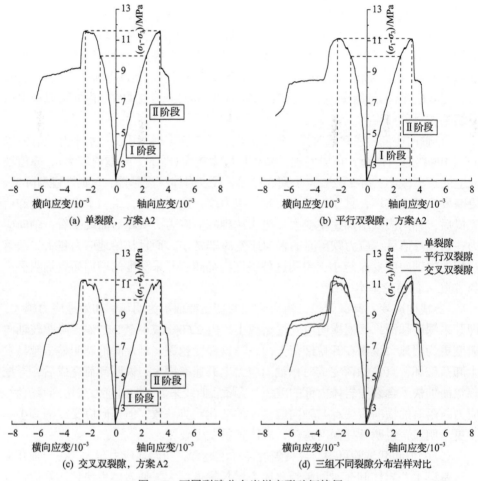

图 4.7 不同裂隙分布岩样变形破坏特征

(1)轴向应变：在本次试验中，岩样加卸载阶段（Ⅰ阶段）三种裂隙分布岩样的轴向应力-应变曲线变化趋势基本一致，平行双裂隙岩样轴向应变略微偏大，是因为轴向裂隙压密现象更为明显，导致轴向位移更大。进入Ⅱ阶段后，平行双裂隙岩样和交叉双裂隙岩样的应力-应变曲线均出现位移突跳和应力突然跌落现象，分析认为是在此时刻岩样内部产生大量微裂隙或者是裂隙扩展贯通，导致位移出现突跳，这种变形特征说明裂隙的扩展具有阶段性和突发性，因为两组岩样裂隙分布不同，所以其裂隙扩展和岩桥贯通方式不同，导致突跳和跌落现象也不一致。从峰后曲线来看，应力跌落过程中，轴向应变 ε_1 变化很小，说明岩样脆性特征明显。

(2)横向应变：横向应变在Ⅰ阶段卸荷完成时出现不同程度的跳跃，其中交叉双裂隙岩样更为明显，在后续加载过程中（Ⅱ阶段），因岩样内部裂隙的扩展和岩桥的贯通，横向应变也出现多级跳跃现象，其中交叉双裂隙岩样这种现象更为明显。

(3)抗压强度：三种不同裂隙分布岩样在相同加卸载方案下的抗压强度不同，其中单裂隙岩样抗压强度最大为 11.61MPa，交叉双裂隙岩样次之，为 11.27MPa，平行双裂隙岩样最低为 11.14MPa，说明含裂隙岩体因其内部裂隙扩展方式和岩桥贯通方式的不同，其抗压强度会发生变化，但整体变化幅度不大，本次试验平行双裂隙相对于单裂隙抗压强度降幅在 4% 左右。

4)加卸载条件下岩样裂隙演化特征分析

a. 加卸载方案 A 条件下岩样裂隙扩展特征研究

图 4.8 为单裂隙岩样在加卸载方案 A 条件下的裂隙扩展模拟结果及素描图，可以看出，预制裂隙长度为 20 mm，预制裂隙尖端均出现较为对称的次生翼型拉裂隙，因预制裂隙较长，在预制裂隙中部也出现一条小裂纹往卸荷面延伸扩展，而两端出现的翼型裂纹分别向试件的左上角和右下角扩展，在裂隙扩展过程中均出现拉伸(红色标记)和剪切破坏(绿色标记)，而且黏结破坏比剪切破坏产生更早，拉伸破坏产生的总数量要大于剪切破坏，岩石整体表现为以拉伸破坏为主，剪切破坏为辅，在临近开挖卸荷面的一端裂隙扩展幅度更大，预制裂隙中部产生的裂隙持续往右扩展，并有贯通趋势，临近开挖卸荷面破坏更明显，最终预制的 20 mm裂隙及岩样两端产生的翼型拉裂隙从岩样中部贯通，岩样完全破坏，达到应力峰值，岩样失去承载能力。

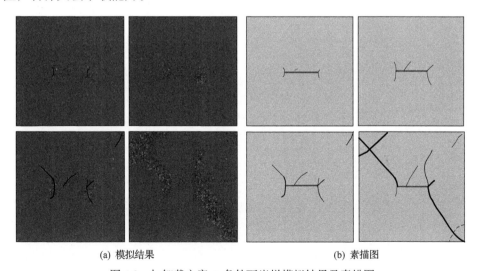

(a) 模拟结果　　　　　　　　　　(b) 素描图

图 4.8　加卸载方案 A 条件下岩样模拟结果及素描图

图 4.9 和图 4.10 分别为加卸载过程中裂隙数量随轴向应力增长图和裂隙增长速率图。从图 4.9 可以看出，偏应力达到 6.71 MPa 时，黏结出现第一个拉破坏，

黏结破坏大量产生在抗压强度峰值附近，且主要在峰后形成宏观裂纹，随着偏应力的增加，裂隙破坏速率逐渐加快。由图 4.10 可以看出，在达到峰值前(黑线)，出现 4 次较大增长速率跳跃点，即岩样在此时发生急剧破坏，且第四次增长速率跳跃最大，达到应力峰值，之后岩样失去承载力；在达到应力峰值后(红线)，裂隙数量持续增长，但增长速率趋于平稳，轴向压力板持续向下加载，岩样脆性破坏特征明显，当轴向应力降至 9.5 MPa 左右时，岩样再次发生剧烈破坏，直至试验结束。

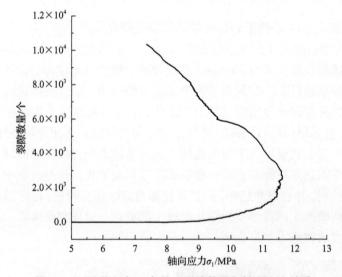

图 4.9　加卸载方案 A 条件下裂隙数量与轴向应力关系

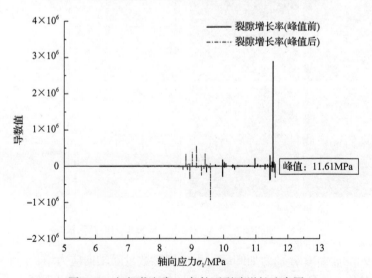

图 4.10　加卸载方案 A 条件下裂隙增长速率图

b. 加卸载方案 B 条件下岩样裂隙扩展特征研究

图 4.11 为单裂隙岩样在加卸载方案 B 条件下的裂隙扩展模拟结果及素描图，可以看出，岩样裂隙的产生及扩展与方案 A 具有一定相似性，在预制裂隙尖端均出现较为对称的次生翼型拉裂隙，预制裂隙中部出现小裂纹，往卸荷面延伸扩展，两端出现的翼型裂纹分别向岩样的左上角和右下角扩展。因方案 B 开挖面卸载速率较方案 A 更快，在临近开挖卸荷面的一端裂隙扩展幅度更大，右上部沿着预制裂产生分叉裂隙，且与岩样右上角有贯通趋势，临近开挖卸荷面破坏更明显，最终预制的 20 mm 裂隙及岩样两端产生的翼型拉裂隙从岩样中部贯通，岩样完全破坏，达到应力峰值，岩样逐渐失去承载能力。

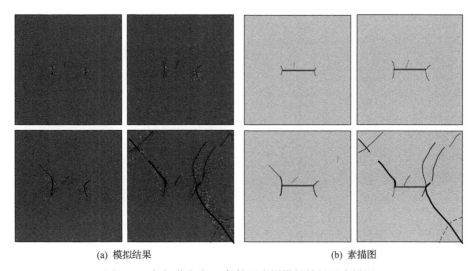

(a) 模拟结果 (b) 素描图

图 4.11 加卸载方案 B 条件下岩样模拟结果及素描图

图 4.12 和图 4.13 分别为加卸载过程中裂隙数量随轴向应力增长图和裂隙增长速率图。从图 4.12 可以看出，偏应力达到 4.94MPa 时，岩样黏结出现第一个拉破坏，黏结破坏也大量产生在抗压强度峰值附近，随着偏应力增加，裂隙破坏速率逐渐加快。由图 4.13 可以看出，在达到峰值前(黑线)，出现 5 次较大的增长速率跳跃点，即岩样在此时发生急剧破坏，且最后一次增长速率跳跃最大，发生在应力峰值附近，之后岩样失去承载力，由此可以看出，侧向卸载完成后，岩样在轴向继续加载过程中会发生多次破坏，最终达到应力峰值，失去承载能力；在达到应力峰值后(红线)，裂隙数量持续增长，但增长速率趋于平稳，轴向压力板持续向下加载，岩样脆性破坏特征明显，当轴向应力降至 9 MPa 左右时，岩样多次发生剧烈破坏，直至试验结束。

对比分析加卸载方案 A 和方案 B 条件下岩样裂隙破坏特征可以发现，岩样破坏趋势相似，在预制裂隙尖端均出现较为对称的次生翼型拉裂隙，预制裂隙中部

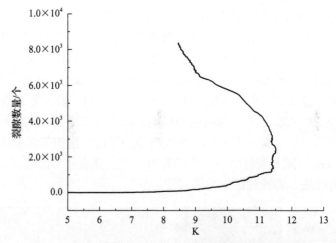

图 4.12　加卸载方案 B 条件下裂隙数量与轴向应力关系

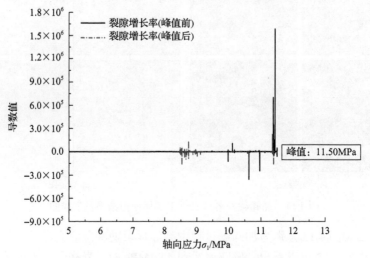

图 4.13　加卸载方案 B 条件下裂隙增长速率图

出现小裂纹，往卸荷面延伸扩展，两端出现的翼型裂纹分别向岩样的左上角和右下角扩展。但方案 B 条件下，起始黏结断裂出现更早，且临近开挖卸荷面一端裂隙扩展幅度更大，裂纹更为集中，右上部沿着预制裂产生分叉裂隙，且与岩样右上角有贯通趋势，临近开挖卸荷面破坏更为剧烈。

c. 不同裂隙分布条件下岩样裂隙扩展特征研究

单裂隙岩样（分析见 3.3.2 节）模拟结果如图 4.14 所示。

图 4.15 为平行双裂隙岩样在加卸载方案 A 条件下的裂隙扩展模拟结果及素描图，可以看出，上下两条预制裂隙左右两顶点均因为应力集中产生翼型拉裂隙，起裂方向与预制裂隙呈一定夹角，且右侧两条主要的次生翼型拉裂隙相互贯通，

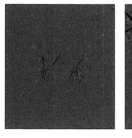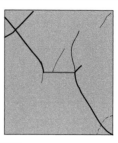

(a) 模拟结果　　　　　　　　　　　　　　　　(b) 素描图

图 4.14　单裂隙岩样加卸载后模拟结果及素描图

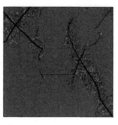

(a) 模拟结果　　　　　　　　　　　　　　　　(b) 素描图

图 4.15　平行双裂隙岩样加卸载后模拟结果及素描图

并逐步向岩样右上角和右下角扩展；上侧预制裂隙左顶点产生两条翼型拉裂隙，主要向岩样左上角扩展，导致岩样左上部发生破坏，相比于下侧预制裂隙左顶点，上侧预制裂隙左顶点破坏更为剧烈，对岩样影响更大；下侧预制裂隙右顶点也产生两条翼型拉裂隙，与上侧预制裂隙右顶点产生的拉裂隙相互贯通，并逐步向岩样右下角扩展，且贯通后岩样破坏更为集中，主要导致右半部分岩样发生破裂，可以很明显地看出靠近开挖卸荷面产生的拉裂纹更密集，破坏更复杂。在裂隙扩展过程中均出现拉伸(模拟结果图中红色)和剪切破坏(模拟结果图中绿色)，而且黏结拉伸破坏比剪切破坏产生更早，拉伸破坏产生的总数量要大于剪切破坏数量，岩石整体表现为以拉伸破坏为主，剪切破坏为辅，在临近开挖卸荷面的一端裂隙扩展幅度更大，最终上下两条预制裂隙及岩样两端产生的翼型拉裂隙从岩样中部贯通，岩样完全破坏，达到应力峰值，岩样失去承载能力，对岩样破坏起到主要作用的是两条预制裂隙以及产生的翼型拉裂隙相互贯通形成贯通面。

　　图 4.16 和图 4.17 分别为加卸载过程中裂隙数量随轴向应力增长图和裂隙增长速率图。从图 4.16 可以看出，偏应力达到 6.85MPa 时，岩样黏结出现第一个拉破坏，随着偏应力的增加，裂隙破坏速率逐渐加快。由图 4.17 可以看出，在达到峰值前(黑线)，出现多次较大的增长速率跳跃点，且最后一次增长速率跳跃最大，在应力峰值附近，之后岩样失去承载力，由此可以看出，岩样在加卸载过程中会发生多次跳跃性破坏，最终达到应力峰值，失去承载能力；在达到应力峰值之后(红线)，裂隙数量持续增长，增长速率加快，轴向压力板持续向下加载，岩样在后续

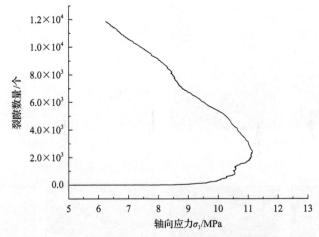

图 4.16　平行双裂隙岩样加卸载后裂隙数量与轴向应力关系

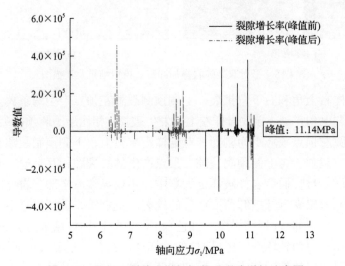

图 4.17　平行双裂隙岩样加卸载后裂隙增长速率图

加载过程中,当轴向应力降至 8.5MPa 和 6.5MPa 左右时,岩样多次发生剧烈破坏,岩样破坏完全,试验结束。

　　对比单裂隙岩样和平行双裂隙岩样加卸载条件下的裂隙扩展特征,岩样起裂应力基本相同,预制裂隙两端均因应力集中产生翼型拉裂隙,分别向岩样左上角和右下角扩展,岩石整体表现为以拉伸破坏为主,剪切破坏为辅,靠近开挖卸荷面产生的拉裂纹更密集,破坏更复杂。从裂隙增长速率图来看,平行双裂隙岩样发生跳跃性破坏的次数更多,且破坏更为完全,右侧临近卸荷面产生的裂纹更多,最终单裂隙岩样和双裂隙岩样均因预制裂隙和翼型拉裂隙产生的贯通面而发生破坏。

图4.18为交叉双裂隙岩样在加卸载方案A条件下的裂隙扩展模拟结果及素描图，两条预制裂隙夹角为 60°，此外，两条预制裂隙左右两顶点均因为应力集中产生翼型拉裂隙，起裂方向与预制裂隙呈一定夹角，且两侧两条主要的次生翼型拉裂隙相互贯通，并逐步向岩样右上角和右下角扩展；左边两条预制裂隙产生的次生裂隙贯通后，主要向岩样左上角扩展，导致岩样左上部分发生破坏，相比于下侧预制裂隙左顶点，上侧预制裂隙左顶点破坏更为剧烈，对岩样影响更大；右边两条预制裂隙产生的次生裂隙贯通后，并逐步向岩样右下角扩展，且贯通后岩样破坏更为集中，主要导致右半部分岩样发生破裂，可以很明显地看出靠近开挖卸荷面产生的拉裂纹更密集，破坏更复杂。在裂隙扩展过程中均出现拉伸(模拟结果图中红色)和剪切破坏(模拟结果图中绿色)，而且黏结拉破坏比剪切破坏产生更早，拉伸破坏产生的总数量要大于剪切破坏数量，岩石整体表现为以拉伸破坏为主，剪切破坏为辅，在临近开挖卸荷面的一端裂隙扩展幅度更大，最终上下两条预制裂隙及岩样两端产生的翼型拉裂隙从岩样中部贯通，岩样完全破坏，达到应力峰值，岩样失去承载能力。对岩样破坏起到主要作用的是两条预制裂隙以及翼型拉裂隙相互贯通产生的贯通面。

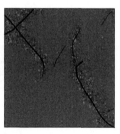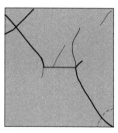

(a) 模拟结果　　　　　　　　　　　　　　(b) 素描图

图 4.18　交叉双裂隙岩样加卸载后模拟结果及素描图

图4.19和图4.20分别为加卸载过程中裂隙数量随轴向应力增长图和裂隙增长速率图。从图4.19可以看出，偏应力达到 6.82MPa 时，岩样黏结出现第一个拉破坏，黏结破坏也大量产生在抗压强度峰值附近，随着偏应力增加，裂隙破坏速率逐渐加快。从图4.20可以看出，在达到峰值前(黑线)，多次出现增长速率跳跃点，在应力峰值附近，出现的速率变化最大，由此可以看出，侧向卸载完成后，岩样在轴向继续加载过程中会发生多次破坏，最终达到应力峰值，岩样失去承载能力；在达到应力峰值后(红线)，裂隙数量持续增长，但增长速率趋于平稳，轴向压力板持续向下加载，岩样脆性破坏特征明显，当轴向应力降至 8MPa 左右时，岩样再次发生剧烈破坏，直至岩样完全破坏。

对比分析交叉双裂隙岩样和平行双裂隙岩样加卸载条件下的裂隙扩展特征，预制裂隙两端均因应力集中产生翼型拉裂隙，平行双裂隙岩样仅右侧次生裂隙相互贯通，交叉双裂隙岩样左右两侧均贯通，分别向岩样左上角和右下角扩展，岩

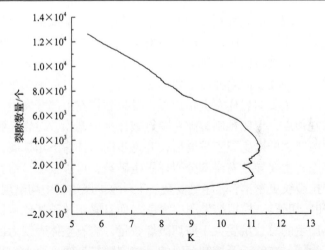

图 4.19 交叉双裂隙岩样加卸载后裂隙数量与轴向应力关系

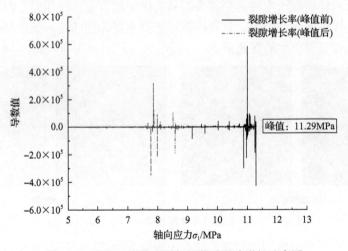

图 4.20 交叉双裂隙岩样加卸载后裂隙增长速率图

样整体表现为以拉伸破坏为主，剪切破坏为辅，靠近开挖卸荷面产生的拉裂纹更密集，破坏更复杂。在峰值应力附近，交叉双裂隙岩样应力波动更大，内部黏结破坏较平行双裂隙岩样发生更频繁，但整体幅度更小，交叉双裂隙岩样内部黏结破坏发生的小破坏较多，平行双裂隙岩样黏结破坏速率跳跃幅度更大，均发生较大破坏，最终平行双裂隙岩样和交叉双裂隙岩样均因预制裂隙和产生的翼型拉裂隙形成的贯通面而发生破坏。

4.4　本章小结

通过 PFC 数值软件，在岩石模型的顶面和开挖面施加应力，在其他面上施加法向变形约束；通过施加在顶面上的最大主应力σ_1和侧向开挖面上的最小主应力σ_3来模拟开挖过程中岩体的加压和卸荷，对饱和状态岩样不同加卸载方案、不同裂隙分布条件下的力学特性和裂隙演化特征进行分析，得到如下结论。

(1)加卸载方案A(不同深度)条件下，初始地应力越大(即σ_1、σ_3取值越大)，岩样峰值应变逐渐减小，岩体延性降低，更易发生脆性破坏，在进行地下深部开挖时，开挖面尚未卸荷完成，含裂隙的围岩及覆岩就可能发生破坏。卸荷完成后，开挖临空面加快裂隙岩体的破坏；峰值强度跌落到残余强度的过程中，初始地应力越大，跌落过程中的轴向应变σ_1越小，脆性特征随着开采深度的增加而更加明显。

(2)加卸载方案B(不同卸荷速率)条件下，卸荷速率越快，对岩体轴向应变ε_1和横向应变ε_3影响越大，卸荷完成，出现应力跳跃点，横向应变增加速率变大，岩样在卸荷方向变形强烈，扩容现象非常显著，脆性破坏特征更为明显，且这种变形特征随着埋深的增加和卸荷速率的增大越明显。

(3)不同裂隙分布条件下，岩样加卸载阶段其轴向应力-应变曲线变化趋势基本一致，平行双裂隙岩样轴向裂隙压密现象更为明显，轴向位移更大。卸荷完成后的轴向加压阶段，平行双裂隙岩样和交叉双裂隙岩样应力-应变曲线均出现位移突跳和应力突然跌落现象，岩样内部裂隙扩展具有阶段性和突发性，因裂隙扩展和岩桥贯通方式不同，其突跳和跌落现象也不一致。

(4)加卸载条件下，预制裂隙尖端均出现较为对称的次生翼型拉裂隙，分别向岩样的左上角和右下角扩展，岩石整体表现为以拉伸破坏为主，剪切破坏为辅，在临近开挖卸荷面的一端裂隙扩展幅度更大，与预制裂隙中部出现的裂纹有贯通趋势，临近开挖卸荷面破坏更明显，最终预制的20mm裂隙及岩样两端产生的翼型拉裂隙从岩样中部贯通，岩样完全破坏，达到应力峰值，岩样失去承载能力。

(5)不同加卸载(不同卸荷速率)条件下岩样裂隙破坏趋势相似，在预制裂隙尖端均出现较为对称的次生翼型拉裂隙，预制裂隙中部出现小裂纹，往卸荷面延伸扩展，两端出现的翼型裂纹分别向岩样的左上角和右下角扩展。但卸载速率越快，起始黏结断裂出现更早，且临近开挖卸荷面一端裂隙扩展幅度更大，裂纹更为集中，右上部沿着预制裂隙产生分叉裂隙，且与岩样右上角有贯通趋势，临近开挖卸荷面破坏更为剧烈。

(6)单裂隙岩样和平行双裂隙岩样在加卸载条件下起裂应力基本相同，岩石整体表现为以拉伸破坏为主，剪切破坏为辅；平行双裂隙岩样黏结破坏速率发生跳跃性破坏的次数更多，且破坏更为完全，右侧临近卸荷面产生的裂纹更多，最终单裂隙岩样和双裂隙岩样均因预制裂隙和翼型拉裂隙产生的贯通面而发生破坏。

(7) 交叉双裂隙岩样和平行双裂隙岩样在加卸载条件下，预制裂隙两端均因应力集中产生翼型拉裂隙，平行双裂隙岩样仅右侧次生裂隙相互贯通，交叉双裂隙岩样左右两侧均贯通，分别向岩样左上角和右下角扩展；峰值应力附近，交叉双裂隙岩样应力波动更大，内部黏结破坏较平行双裂隙岩样发生更频繁，但整体幅度更小。

5 孔隙水压与采动卸荷对岩体宏观变形和强度的影响效应

5.1 孔隙水压与采动卸荷耦合概述

在岩体开挖过程中,开挖卸荷岩体的变形与岩体内地下水渗透压力密切相关,开挖卸荷作用导致岩体内部微观裂隙更加发育,增加岩体的渗透性,从而导致岩体物理力学性质的劣化和工程岩体变形破坏的发生[119-123]。在边坡和水电工程中,降雨入渗和水库蓄水会大幅度改变两岸边坡岩土体的应力场,而且也会改变坡体内部的渗流场及孔隙水压力,同时,库水位的升降会产生明显的加卸荷作用,在外部载荷变化和内部孔隙水压力的共同作用下,很多库岸边坡发生了明显的变形破坏,甚至滑坡。据统计,90%的岩质边坡的破坏是由地下水在裂隙中渗流而引起的;60%的矿井事故与地下水作用有关;30%～40%的水电工程大坝失事是由渗流作用引起的[124-126]。本章通过对不同含水状态和不同孔隙水压力岩样进行加卸载数值试验,研究其宏观变形特征和裂隙破坏规律。

5.2 耦合条件下对比试验方案的确定

为了更好地阐明岩体在不同含水状态和不同孔隙水压力条件下的宏观变形特征和裂隙破坏规律,整个试验分为如下两类方案。

(1)选取现场代表性的一组孔隙水压与一组典型的裂隙岩体分布特征,保持孔隙水压及岩样初始裂隙分布特征一定且卸荷应力采用方案 A,对干燥状态、天然含水状态、饱和含水状态下岩样破裂(裂隙)演化特征、宏观力学参数、全过程应力-应变曲线的变化趋势进行系统研究。

(2)选取现场代表性的一组裂隙岩体分布特征,保持岩样饱水状态及岩样初始裂隙分布特征一定且卸荷应力采用方案 A,对 0MPa、0.50MPa、1.00MPa、1.50MPa、2.00MPa 等 5 种孔隙水压情况下岩样破裂(裂隙)演化特征、宏观力学参数、全过程应力-应变曲线的变化趋势进行系统研究。

表 5.1 为两类数值模拟试验方案。

为使岩样的宏观和细观力学特性相互对应,根据第 2 章单轴压缩条件下所测得的岩样应力-应变曲线进行标定,通过反复调整 PFC 细观参数,使其达到本次模拟的精度要求,干燥和天然状态下岩样标定曲线如图 5.1(a)和图 5.1(b)所示[127]。

表 5.1 数值模拟试验方案

组号	裂隙分布	含水状态	孔压	加卸载方案
1	单裂隙(典型分布)	干燥	0(典型值)	方案 A2
2	单裂隙(典型分布)	天然	0(典型值)	方案 A2
3	单裂隙(典型分布)	饱和	0(典型值)	方案 A2
4	单裂隙(典型分布)	饱和	0.50MPa	方案 A2
5	单裂隙(典型分布)	饱和	1.00MPa	方案 A2
6	单裂隙(典型分布)	饱和	1.50MPa	方案 A2
7	单裂隙(典型分布)	饱和	2.00MPa	方案 A2

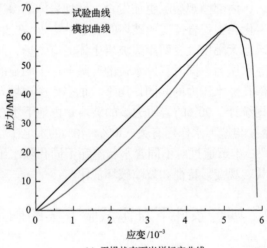

(a) 干燥状态下岩样标定曲线

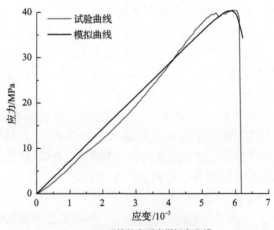

(b) 天然状态下岩样标定曲线

图 5.1 岩样标定曲线

通过标定，最终确定的干燥和天然状态下岩样 PFC 细观参数见表 5.2。

表 5.2　干燥和天然状态下岩样 PFC 细观参数表

含水状态	平行黏结模量 /GPa	切向黏结强度 /MPa	法向黏结强度 /MPa	内摩擦角/(°)	接触刚度比	颗粒密度 /(kg/cm³)
干燥状态	7.60	19.34	14.97	28.32	2.1	2750
天然状态	3.95	10.67	9.09	28.32	2.1	2750

5.3　数值试验结果分析

5.3.1　耦合条件下岩样变形特征及裂隙扩展分析

1）不同含水状态下岩样变形特征分析

图 5.2(a)～5.2(c)为干燥状态、天然状态和饱和状态下含裂隙岩样在加卸载方案 A2 条件下的应力-应变曲线，Ⅰ阶段为同时加卸荷阶段，Ⅱ阶段为水平开挖面卸荷完成，轴向继续加载阶段。图 5.2(d)为三组岩样应力-应变曲线对比。

由图 5.2 不同含水状态下岩样的应力-应变曲线分析可得，岩样含水率由 0%增长为 1.12%，抗压强度由 26.54MPa 降至 17.65MPa，弹性模量由 6.73GPa 降至 3.39GPa，峰值横向应变由 0.00139 增长至 0.00188；当含水率由 1.12%增长至 4.85%时，抗压强度由 17.65MPa 降至 11.59MPa，弹性模量由 3.39GPa 降至 2.46GPa，横向峰值应变由 0.00188 增长至 0.00235。抗压强度降幅约为 56.33%，弹性模量降幅约为 63.45%，横向峰值应变增幅约为 40.85%。

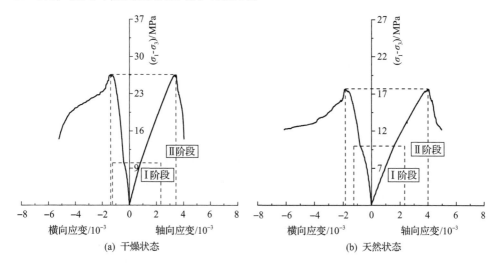

(a) 干燥状态　　　　　　　　　　(b) 天然状态

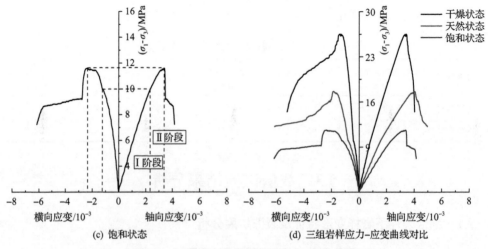

图 5.2　不同含水状态下岩样应力-应变曲线

　　不同含水率条件下岩样应力-应变曲线具有较好的相似性,其力学特性及变形特征随含水率的变化趋势相同, 随着含水率增加, 岩样抗压强度降低, 弹性模量减小。

　　岩石在加卸载过程中破坏具有多阶段性, 各阶段内的能量演化差异导致岩石内部原始微裂纹压缩闭合与新裂纹的扩展程度不同, 宏观表现为岩样的特征强度和破坏模式不同。在本次试验中, 干燥岩样在达到峰值强度前应力-应变曲线呈线弹性变化, 达到峰值应力后迅速跌落, 从峰后曲线来看, 轴向应力在达到峰值后, 应力跌落时的轴向应变 ε_1 较小, 脆性特征明显。随着岩样含水率增大, 应力-应变曲线的裂隙压密阶段区间增大, 弹性阶段区间减小, 岩样屈服阶段更为明显。

2)不同含水状态下岩样裂隙演化特征分析

　　图 5.3 为干燥状态、天然状态和饱和状态下含裂隙岩样在加卸载方案 A2 条件下的裂隙扩展模拟结果及素描图, 可以看出, 三种岩样裂隙的产生及扩展具有一定的相似性, 在预制裂隙两侧尖端均出现较为对称的次生翼型拉裂隙, 预制裂隙中部出现小裂纹, 往卸荷面延伸扩展, 两端出现的翼型裂纹分别向岩样的左上角和右下角扩展。在裂隙扩展过程中均出现拉伸(模拟结果图中红色)和剪切破坏(模拟结果图中绿色), 而且黏结拉破坏比剪切破坏产生更早, 拉伸破坏产生的总数量要大于剪切破坏数量, 岩石整体表现为以拉伸破坏为主, 剪切破坏为辅。最终预制的 20mm 裂隙及岩样两端产生的翼型拉裂隙从岩样中部贯通, 岩样完全破坏, 达到应力峰值, 岩样失去承载能力。

　　干燥状态下岩样脆性破坏特征较天然和饱和状态下岩样更明显, 且黏结出现的拉伸破坏最多, 岩样整体破坏更明显;天然状态下岩样右半部分临近卸荷面的

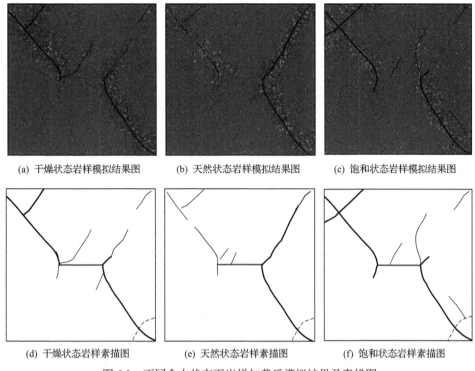

(a) 干燥状态岩样模拟结果图　　(b) 天然状态岩样模拟结果图　　(c) 饱和状态岩样模拟结果图

(d) 干燥状态岩样素描图　　(e) 天然状态岩样素描图　　(f) 饱和状态岩样素描图

图 5.3　不同含水状态下岩样加载后模拟结果及素描图

破坏更为剧烈，产生较大较深的裂隙；饱和状态下岩样破坏后出现裂纹更多，破坏更为复杂。

5.3.2　耦合条件下岩样裂隙演化特征分析

1) 不同孔隙水压力条件下岩样变形特征分析

图 5.4(a) 为 0.5MPa 孔隙水压条件下岩样应力-应变曲线，图 5.4(b) 为 0.5MPa、1.0MPa、1.5MPa 和 2.0MPa 条件下含裂隙岩样在加卸载方案 A2 条件下的应力-应变曲线对比图。

由图 5.4 可知，岩样孔隙水压力由 0.5MPa 增长为 1.0MPa 时，抗压强度由 11.25MPa 降至 10.75MPa，峰值应变由 0.00302 下降至 0.00289；孔隙水压力由 1.0MPa 增长为 1.5MPa 时，抗压强度由 10.75MPa 降至 10.04MPa，峰值应变由 0.00289 下降至 0.00271。当孔隙水压力由 1.5MPa 增长为 2.0MPa 时，抗压强度由 10.04MPa 降至 9.07MPa，峰值应变由 0.00271 下降至 0.00233。整体抗压强度降幅约为 19.38%，峰值应变降幅约为 22.85%。当孔隙水压力为 0.5MPa 时，岩样弹性模量为 2.82GPa，孔隙水压增加至 2.0MPa 时，岩样弹性模量减小为 2.40GPa，整体岩样的弹性模量降幅为 14.89%。

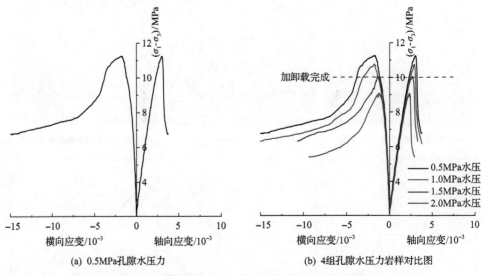

(a) 0.5MPa孔隙水压力　　　　　　　　　(b) 4组孔隙水压力岩样对比图

图 5.4　不同孔隙水压力条件下岩样应力-应变曲线

不同孔隙水压力条件下岩样应力-应变曲线具有较好的相似性,其力学特性及变形特征随含水率变化趋势相同,随着孔隙水压力增加,岩样抗压强度降低,峰值应变减小,弹性模量变化不明显[128]。

2) 不同孔隙水压力条件下岩样裂隙演化特征分析

图 5.5 为 0.5MPa、1.0MPa、1.5MPa 和 2.0MPa 孔隙水压力条件下含裂隙岩样在加卸载方案 A2 条件下的岩样裂隙扩展模拟结果及素描图,可以看出,4 组孔压条件下岩样裂隙的产生及扩展具有一定的相似性,在预制裂隙两侧尖端均出现较为对称的次生翼型拉裂隙,预制裂隙中部出现小裂纹,往卸荷面延伸扩展,两端出现的翼型裂纹分别向岩样的左上角和右下角扩展。在裂隙扩展过程中均出现拉伸(模拟结果图中红色)和剪切破坏(模拟结果图中绿色),而且黏结拉破坏比剪切破坏产生更早,拉伸破坏产生的总数量要大于剪切破坏数量,岩石整体表现为以拉伸破坏为主,剪切破坏为辅。最终预制的 20mm 裂隙及岩样两端产生的翼型拉裂隙从岩样中部贯通,岩样完全破坏,达到应力峰值,岩样失去承载能力。

随着岩样孔隙水压力的增大,岩样破坏更为剧烈,如预制裂隙中部出现的裂纹,往右侧扩展缝多,并逐步与预制裂隙右端产生的主裂隙贯通,岩样右半部分临近卸荷面破坏产生裂纹更多、更集中,且裂纹分布更复杂。孔隙水压力的增大加快了岩石破坏,孔隙水压力对岩石起到软化作用和应力集中。

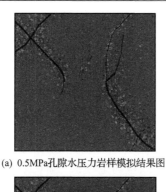
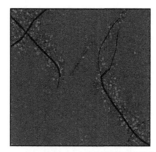

(a) 0.5MPa孔隙水压力岩样模拟结果图　　　(b) 1.0MPa孔隙水压力岩样模拟结果图

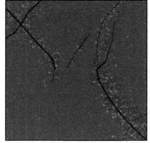
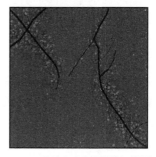

(c) 1.5MPa孔隙水压力岩样模拟结果图　　　(d) 2.0MPa孔隙水压力岩样模拟结果图

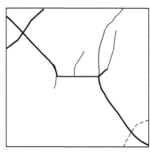
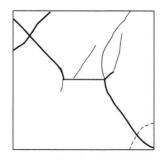

(e) 0.5MPa孔隙水压力岩样素描图　　　　　(f) 1.0MPa孔隙水压力岩样素描图

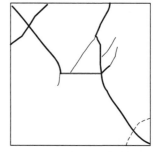

(g) 1.5MPa孔隙水压力岩样素描图　　　　　(h) 2.0MPa孔隙水压力岩样素描图

图 5.5　不同孔隙水压力条件下岩样加载后模拟结果及素描图

分析孔隙水压力对含裂隙岩样的影响，孔隙水压力对岩样存在两方面的重要影响，一方面软化和弱化了矿物颗粒本身的强度以及矿物颗粒之间的连接；另一方面在矿物颗粒之间接触界面和微裂纹间易产生应力集中和水楔劈裂效应，进而促进岩样裂纹扩展，导致岩样内部的微观裂纹加速向宏观破坏发展[129]。在这两方面的影响下，砂岩的宏观力学特性劣化趋势明显。

5.4　本　章　小　结

本章通过不同含水率条件下岩样的标定试验确定 PFC 细观力学参数，采用 CFD 模块与 PFC 进行流固耦合计算，对岩样施加不同孔隙水压力，然后对模型顶面和侧面开挖面施加应力，对不同含水状态下、不同孔隙水压力条件下岩样的力学特性和裂隙演化特征进行分析，得到如下结论。

(1)对于不同含水率岩样，随着含水率增加，岩样抗压强度降低，弹性模量减小。干燥岩样在加卸载过程中，达到峰值强度前应力-应变曲线呈线弹性变化，达到峰值应力后迅速跌落，峰后应力跌落时的轴向应变 ε_1 较小，脆性特征明显。随着岩样含水率增大，应力-应变曲线的裂隙压密阶段区间增大，弹性阶段区间减小，岩样屈服阶段更为明显。

(2)干燥状态岩样脆性破坏特征较天然和饱和状态岩样更为明显，且黏结出现的拉伸破坏最多，岩样整体破坏更明显；天然状态岩样右半部分临近卸荷面的破坏更为剧烈，产生较大较深的裂隙；饱和状态岩样破坏后出现裂纹更多，破坏更为复杂。

(3)不同孔隙水压力条件下，岩样力学特性及变形特征随含水率变化趋势相同，随着孔隙水压力增加，岩样抗压强度降低，峰值应变减小，弹性模量变化不明显。

(4)随着岩样孔隙水压力增大，岩样破坏更为剧烈，孔隙水压力的增大加快了岩石破坏，孔隙水压力对岩石起到软化作用，并在微裂纹间产生应力集中和水楔劈裂效应，进而促进岩样裂纹的扩展。

6 磷矿层群采场应力分布规律

要分析采场及巷道在采掘后所发生的力学现象，有必要了解岩体的原始应力状态。为了减轻或避免支承压力对巷道的危害，改善采区巷道的维护状况，就必须掌握采磷矿工作面周围支承压力的分布规律，了解其对采区巷道的影响[130-132]。

由于多磷矿层开采，受现场条件限制，观测时间长，且不易观测，浪费大量人力和物力等，因此采用数值模拟方法进行研究，该方法即简便又快捷，而且形象直观。

6.1 原岩应力的分布规律

原岩应力是指存在于地层中的未受工程扰动的天然应力，它是引起采矿、土木建筑、公路、水利水电和其他各种地下或露天岩石开挖工程变形和破坏的根本作用力，是确定工程岩体力学属性，进行围岩稳定性分析，实现岩石工程开挖设计和决策科学化的必要前提条件[133]。岩体的原岩应力状态与地下工程的稳定性密切相关。原岩应力的形成主要与地球的各种动力运动过程有关，包括板块边界受压、地幔热对流、地球旋转、地球内应力、地心引力、岩浆侵入等。此外，原岩体内温度不均匀、水压梯度变化、地表被剥蚀等也能影响岩体内应力的大小与分布状态。天然存在于原岩内而与人为因素无关的原岩应力场的主要组成部分为自重应力场和构造应力场[134]。其中自重应力场是由地心引力引起的应力场，构造应力场是由于地质构造运动而引起的应力场。构造应力与岩体的特性（岩体中裂隙发育密度与方向，岩体的弹性、塑性、黏性等），以及正在发生过程中的地质构造运动和历次构造运动所形成的地质构造现象（断层、褶皱等）有密切关系。原岩应力场是分析开采空间周围应力重新分布的基础，研究岩体的初始应力状态，可以为分析开挖岩体过程中岩体内部应力变化，合理设计巷道支护提供依据。

1）自重应力

设岩体为半无限体，地面为水平面，在距地表深度为 H 处，任意取一单元体，其上作用的应力为 σ_x，σ_y，σ_z，形成的岩体单元自重应力状态如图 6.1 所示。

（1）岩体为均匀连续介质时，单元体上所受的垂直应力等于单元体上覆岩层的重量，岩样的自重应力状态为

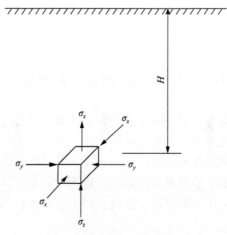

图 6.1 岩体单元自重应力状态

$$\begin{cases} \sigma_z = \gamma H \\ \sigma_x = \sigma_y = \lambda \sigma_z \\ \tau_{xy} = 0 \end{cases} \tag{6.1}$$

式中，γ 为上覆岩层的平均体积力，kN/m^3；λ 为侧压系数，$\lambda = \dfrac{\mu}{1-\mu}$，$\mu$ 为岩石泊松比。

(2) 当岩体初始应力状态为静水压力状态时，岩体的自重应力状态为

$$\sigma_x = \sigma_y = \sigma_z = \gamma H \tag{6.2}$$

(3) 当岩体是理想松散介质，铅直应力与侧向应力的关系可表达为

$$\lambda = \frac{\sigma_x}{\sigma_z} = \frac{1-\sin\varphi}{1+\sin\varphi} \tag{6.3}$$

式中，φ 为松散岩体的内摩擦角，(°)，φ 一般在 30°左右。

当岩体为具有一定内聚力的松散体时，铅直应力与侧向应力关系为

$$\sigma_x = \sigma_z \frac{1-\sin\varphi}{1+\sin\varphi} - \frac{2c\cos\varphi}{1+\sin\varphi} \tag{6.4}$$

式中，c 为松散岩体的内聚力，MPa。

2) 构造应力

构造应力是由于地质构造运动在岩体中引起的应力[135]。地质构造过程中岩体经受相当大的外力作用，水平构造应力使岩层产生很大的弹性变形和塑件变形，

形成了各种地质构造，如向斜、背斜和褶皱[136]，以及产生断裂而形成各种构造裂隙节理及断层。岩体弹性变形储有弹性能，弹性变形越大，岩体内储存的能量越多，随着能量增加，应力达到岩体的强度极限时，岩体产生破坏[137-139]。除岩体中保存一部分残余变形外，其储存的能量将部分或全部释放，构造应力随之部分或全部消失。

构造应力以水平力为主，具有明显的区域性和方向性，有以下基本特点。

（1）一般情况下，地壳运动以水平运动为主，构造应力主要是水平应力；而且地壳总的运动趋势是相互挤压，所以水平应力以压应力占绝对优势。

（2）构造应力分布不均匀，在地质构造变化比较剧烈的地区，最大主应力的大小和方向往往有很大变化。

（3）岩体中的构造应力具有明显的方向性，最大水平主应力和最小水平主应力一般相差较大。

（4）构造应力在坚硬岩层中一般比较普遍，软岩中储存的构造应力很小。

目前，岩体的构造应力尚无法用数学力学的方法进行分析计算，构造应力的大小只能采用现场应力量测方法测定，但构造应力场的方向可以根据地质力学的方法加以判断[140]。

从20世纪初开始就有学者对原岩应力进行研究。研究表明，重力作用和构造运动是原岩应力产生的主要原因，其中以水平方向的构造运动对原岩应力的形成影响最大[141,142]。通过对原岩应力的理论分析、地质调查和测量分析，人们初步得出了浅部原岩应力分布的一些基本规律[143,144]。

（1）原岩应力是一个具有相对稳定性的非均匀应力场，它是时间和空间的函数。

（2）实测垂直应力基本等于上覆岩层的重量。

（3）水平应力普遍大于垂直压力。最大水平应力与垂直应力的比值一般为0.5~5.5。

（4）平均水平应力与垂直应力的比值随深度增加而减小，但在不同地区，变化的速度很不相同。

（5）最大水平主应力和最小水平主应力随深度呈线性增长关系。

（6）最大水平主应力和最小水平主应力一般相差较大，显示出很强的方向性。

（7）原岩应力的分布规律还受地形、地表剥蚀、风化、岩体结构特征、岩体力学性质、温度、地下水等因素的影响，特别是断层和地形的扰动影响最大。

6.2 原岩应力测试及计算

6.2.1 原岩应力测试原理

测量原岩应力就是确定存在于拟开挖岩体及其周围区域的未受扰动的三维应

力状态。岩体中一点的三维应力状态是由选定坐标系中的六个分量 σ_x、σ_y、σ_z、τ_{xy}、τ_{yz}、τ_{zx} 来表示的，根据这六个分量可求得三个主应力的大小和方向。

　　随着地应力测量工作的不断发展，各种测量方法和测量仪器也不断发展。根据测量基本原理的不同，可将测量方法分为直接测量法和间接测量法两大类[145]。直接测量法是由测量仪器直接测量和记录各种应力量，并由这些应力量和原岩应力的相互关系计算获得原岩应力值。其优势在于计算过程中不涉及不同物理量的换算，不需要知道岩石的物理力学性质和应力应变关系。而间接测量法为了计算应力值，必须确定岩体的某些物理力学性质及所测物理量和应力的相互关系[146, 147]。因此，本章选用直接测量法获得原岩应力值。表 6.1 为各直接测量法的特性，声发射法是目前国内外广泛采用的一种室内测试方法，它与钻孔应力解除法、水力压裂法、偏千斤顶法等现场测试方法相比，具有经济简便、直观、快捷、效果较好等优点，且不受现场条件限制，便于大量测试[148-150]。但对于大多数岩石，凯塞点并不明显，因而给正确判断岩样的应力值带来一定的困难[151]。通过对比分析，声发射法比较适用本章的工程特点。

表 6.1　各直接测量法特性

直接测量法	特性
偏千斤顶法[152]	只能确定测点处垂直于扁千斤顶方向的应力分量，是一种一维的应力测量方法。其测量的是一种受开挖扰动的次生应力场而非原岩应力场
刚性包体压力计法[153]	只能测量垂直于钻孔平面的单向或双向应力变化情况，而不能用于测量原岩应力，适用于现场应力变化长期监测
水力压裂法[154]	只能确定垂直于钻孔平面内的最大主应力和最小主应力的大小和方向，是一种二维测量方法，适用于完整的脆性岩石
声发射法	适用于高强度脆性岩石，是一种三维应力测量方法，但不能用于测定比较软弱疏松岩体的应力

　　声发射是指材料在受到外载荷时，其内部储存的应变能快速释放产生弹性波，发出声响。1950 年，德国的 Kaiser 研究多晶金属材料的声发射特性时，发现多晶体的应力从其历史最高水平释放后，再重新加载，当应力未达到先前最大应力值时，很少有声发射产生，而当应力达到先前最大应力值时，则产生大量的声发射。这一现象为凯塞效应，从很少产生声发射到大量产生声发射的转折点称为凯塞点，如图 6.2 所示，该点对应的应力即为材料先前受到的最大应力[155]。Goodman（1963 年）首次对岩石材料用这种方法进行了声发射试验，证实了岩石材料的凯塞效应[156]。

　　声发射法测量原岩应力主要是利用岩石具有记忆残余应力的特性来进行单轴压缩试验，同时接收其声发射信号。根据试验结果，以声发射累积数与外加压应力响应曲线上斜率陡增点的对应应力，作为试样取样方向的正应力[157-163]，如图 6.3 所示，然后应用弹性力学理论计算测点处的原岩应力大小和方向。

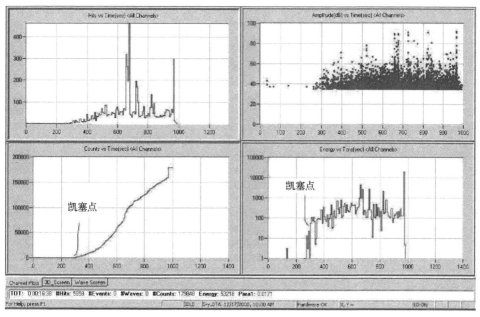

图 6.2   单轴压缩发射事件结果

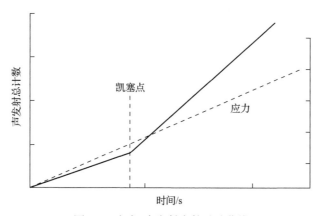

图 6.3   应力-声发射事件试验曲线

6.2.2   取样、试件制备及试验

根据研究需要，在矿井 285 运输联络巷、三采区+450m 装车石门处取回粉砂岩岩样进行室内凯塞效应原岩应力测试。

285 运输联络巷，岩层产状 355°～17°，距 8#磷矿层底板法向距离 33.5m，埋深 413m；三采区+450m 装车石门，岩层产状 12°～14°，距 8#磷矿层底板法向距离 33.5m，埋深 216m。

在室内将定向岩样恢复到原始位置状态，沿岩层的走向为 Y 方向，倾向为 X 方向，其中 X 轴为正北方向，垂直于 XY 平面的方向为 Z 方向，建立 X、Y、Z 空间坐标系。并在 X、Y、Z、$XY45°$、$YZ45°$、$ZX45°$ 这 6 个方向各加工 3 个长方体试件，如图 6.4 所示，其高宽比为 2：1，即 100mm：50mm。

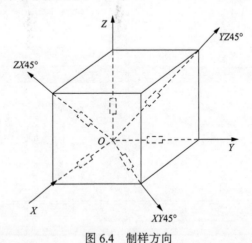

图 6.4　制样方向

试验设备主要由加载系统、声发射测试分析系统、计算机信息处理系统组成，如图 6.5～图 6.7 所示。加载系统为美国 MTS 公司生产的 MTS815 型岩石试验系统，采用位移控制，加载速度为 0.1mm/min，Windows2010 操作系统，测试时为实时处理。声发射测试分析系统采用美国物理声学公司（Physical Acoustic Corporation，PAC）生产的 PCI-2 声发射测试分析系统[164,165]。本试验中设定声发

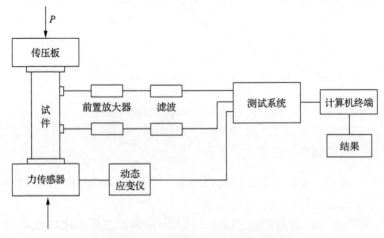

图 6.5　岩石加载及声发射监测示意图

图 6.6　试件加载装置探头安设图

图 6.7　声发射测试分析系统

射测试分析系统的主放为 40dB，门槛值为 42dB，探头谐振频率为 20～400kHz，采样频率为 1M 次/s[166,167]。为保障试验效果，试验采用 2 个探头进行检测，如图 4.6 所示，声发射探头的检测面上抹上一层耦合剂（黄油）并紧贴在试样中部表面，并要求排净空气，然后采用胶带固定。

　　为了消除试件端部与压力盘之间因为摩擦而产生的噪声，试验中要在试件的两端加上垫层材料阻隔噪声并减小摩擦，垫层材料采用压缩的泡沫和橡胶皮。

　　试件安装完毕后，设置声发射测试分析系统参数后即可进行试验。试验时加载系统和声发射测试分析系统的运行程序应同时刻进行，两台计算机同时采集试验数据。

6.2.3 试验成果整理

1) 计算原理

根据声发射原岩应力测试原理及方法，以发射计数和应力的关系为基础，找出凯塞点，该点所对应的应力即先前所受的最大应力，以此计算出各个测点处的原岩应力大小和方向[168-172]。

对所测方位试件的测定值进行加权平均处理，求得每个方位的最优值。

设某一方位上的试件数目为 n，各个试件凯塞点对应的应力测值为 σ_i，各试验值的权数为 M_i，凯塞效应明显的 $M_i = 1$，不明显的 $M_i = 0.5$，则最优值 R_i 计算如下：

$$R_i = (\sigma_1 M_1 + \sigma_2 M_2 + \cdots + \sigma_n M_n)/(M_1 + M_2 + \cdots + M_n), \quad i = 1,2,3,\cdots,6 \quad (6.5)$$

在基本坐标系 $OXYZ$ 中 6 个方位的应力分量 σ_x、σ_y、σ_z、τ_{xy}、τ_{yz}、τ_{zx} 与任一单向正应力的最优值 R_i 有如下关系：

$$R_i = l_i^2 \sigma_x + n_i^2 \sigma_y + m_i^2 \sigma_z + 2l_i n_i \tau_{xy} + 2n_i m_i \tau_{yz} + 2m_i l_i \tau_{zx} \quad (6.6)$$

式中，l_i、n_i、m_i 分别为 i 方向的方向余弦。将测得的 6 个方向上的单向正应力的最优值 R_i 代入式 (6.6)，即可得到 6 个线性方程，从而求出 3 个应力分量[173-177]：

$$\tau_{xy} = \sigma_{xy} - (\sigma_x + \sigma_y)/2 \quad (6.7)$$

$$\tau_{yz} = \sigma_{yz} - (\sigma_y + \sigma_z)/2 \quad (6.8)$$

$$\tau_{zx} = \sigma_{zx} - (\sigma_z + \sigma_x)/2 \quad (6.9)$$

则应力张量的 3 个不变量为[144-147]

$$J_1 = \sigma_x + \sigma_y + \sigma_z \quad (6.10)$$

$$J_2 = \sigma_x \sigma_y + \sigma_y \sigma_z + \sigma_x \sigma_z - \tau_{xy}^2 - \tau_{yz}^2 - \tau_{zx}^2 \quad (6.11)$$

$$J_3 = \sigma_x \sigma_y \sigma_z - \sigma_x \tau_{yz}^2 - \sigma_y \tau_{zx}^2 - \sigma_z \tau_{xy}^2 \quad (6.12)$$

令

$$Q = -\frac{2}{27} J_1^3 + \frac{1}{3} J_1 J_2 - J_3$$

$$P = -\frac{1}{3}J_1^2 + J_2$$

$$W = \arccos\left(-\frac{1}{2}Q \Big/ \sqrt{-\frac{1}{27}P^3}\right)$$

可求得主应力值：

$$\sigma_1 = 2\sqrt{-\frac{P}{3}}\cos\frac{W}{3} + \frac{1}{3}J_1 \tag{6.13}$$

$$\sigma_2 = 2\sqrt{-\frac{P}{3}}\cos\frac{W+2\pi}{3} + \frac{1}{3}J_1 \tag{6.14}$$

$$\sigma_3 = 2\sqrt{-\frac{P}{3}}\cos\frac{W+4\pi}{3} + \frac{1}{3}J_1 \tag{6.15}$$

主应力的方向与坐标轴 X、Y、Z 夹角的方向余弦按式(6.16)~式(6.18)计算：

$$l_i = 1\Big/\sqrt{1 + \left[\frac{(\sigma_i - \sigma_x)\tau_{yz} + \tau_{xy}\tau_{zx}}{(\sigma_i - \sigma_y)\tau_{zx} + \tau_{xy}\tau_{yz}}\right]^2 + \left[\frac{(\sigma_i - \sigma_x)(\sigma_i - \sigma_y)\tau_{xy}^2}{(\sigma_i - \sigma_y)\tau_{zx} + \tau_{xy}\tau_{yz}}\right]^2} \tag{6.16}$$

$$m_i = \frac{(\sigma_i - \sigma_x)\tau_{yz} + \tau_{xy}\tau_{zx}}{(\sigma_i - \sigma_y)\tau_{zx} + \tau_{xy}\tau_{yz}}l_i \tag{6.17}$$

$$n_i = \frac{(\sigma_i - \sigma_x)(\sigma_i - \sigma_y)\tau_{xy}^2}{(\sigma_i - \sigma_y)\tau_{zx} + \tau_{xy}\tau_{yz}}l_i \tag{6.18}$$

式中，$i = 1, 2, 3$。主应力的倾角 α 和方位角 β 由式(6.19)和式(6.20)计算可得

$$\alpha_i = \arcsin m_i \tag{6.19}$$

$$\beta_i = \arcsin\frac{l_i}{\sqrt{1 - m_i^2}} \tag{6.20}$$

2)测试结果

各测点主应力大小及其方向见表6.2。

表 6.2　各测点的主应力值

取样地点	埋深/m		应力值/MPa	倾角 α/(°)	方位角 β/(°)
285 运输联络巷	413	σ_1	28.62	4.0	47
		σ_2	17.72	1.5	202
		σ_3	9.84	86.5	284
三采区+450m 装车石门	216	σ_1	22.60	−15.0	32
		σ_2	14.50	5.5	40
		σ_3	5.50	80.0	181

注：方位角 β 以顺时针为正，倾角 α 以向上为正。

从表 6.2 中可以看出：

(1)最大主应力与中间主应力位于近水平的平面内，最大主应力约为中间主应力的 1.6 倍，说明水平方向的构造运动对地壳浅层地应力的形成起控制作用，矿区地应力场以构造应力场为主，自重应力场为辅。

(2)最小主应力值接近上覆岩层所形成的自重应力 γH，其倾角在 80.0°～86.5° 内变化，应力值在 5.5～9.84MPa 内。

(3)各测点的主应力值均为压应力。

6.3　采场应力分布规律

6.3.1　数值软件简介

3D-Sigma 是将有限元的快速建模、网格自动生成、分析结果可视化及可操作性有机结合起来的一个既容易理解又容易操作的三维有限元分析软件，它实现了有限元分析的高度自动化，用户能简单、方便地对问题进行有限元分析计算，其基本操作流程如图 6.8 所示[178-182]。

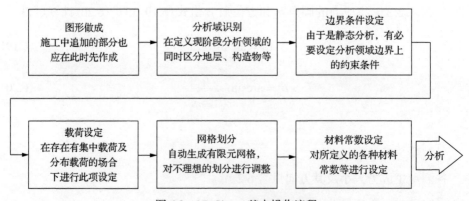

图 6.8　3D-Sigma 基本操作流程

3D-Sigma 主要分为前处理、计算和后处理三大功能块。

前处理通过定义点、线、面、体和群等对象来建立几何模型，通过对分析区域的识别来设定材料参数和网格分割，设定载荷和约束条件，然后自动生成计算网格。3D-Sigma 建模的思路是把三维问题转化为二维问题，即利用二维窗口内提供的点、线、矩形、弧等图形元功能，定义问题的一个剖面，然后再用三维窗口提供的第三维拓展、材料参数、载荷条件、边界条件设定等功能把该剖面在第三维上进行拓展，从而建立三维模型。

3D-Sigma 支持的材料模型主要有弹性、弹塑性两种。另外，系统也支持热应力分析模型和地震力分析模型。对于弹塑性模型，提供了 Tresca、Huber-von Mises、Mohr-Coulomb、Drucker-Prager 屈服准则，如图 6.9 所示[183-186]。

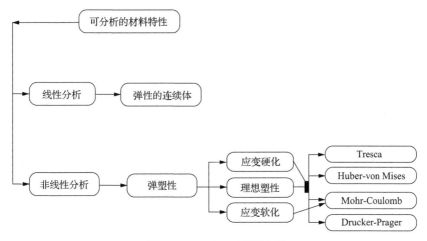

图 6.9　3D-Sigma 屈服准则

① Tresca 屈服条件

$$\sigma_1 - \sigma_3 = Y(\kappa) \tag{6.21}$$

$$\frac{2}{\sqrt{3}}(J_2')^{\frac{1}{2}}\left[\sin\left(\theta + \frac{2\pi}{3}\right) - \sin\left(\theta + \frac{4\pi}{3}\right)\right] = Y(\kappa) \tag{6.22}$$

或展开为

$$2(J_2')^{\frac{1}{2}}\cos\theta = Y(\kappa) = \sqrt{3k(\kappa)} = \sigma_Y(\kappa) \tag{6.23}$$

式中，σ_1，σ_2，σ_3 为主应力；J_2' 是应力偏量第二不变量。

② Huber-von Mises 屈服条件

该屈服函数只依赖 J_2'：

$$(J_2')^{\frac{1}{2}} = k(\kappa) \tag{6.24}$$

或：

$$3(J_2')^{\frac{1}{2}} = \sigma_Y(\kappa) \tag{6.25}$$

③ Mohr-Coulomb 屈服条件

$$\sigma_1 - \sigma_3 = 2c\cos\varphi - (\sigma_1 + \sigma_3)\sin\varphi \tag{6.26}$$

$$\frac{1}{3}J_1\sin\varphi + (J_2')^{\frac{1}{2}}\left(\sin\theta - \frac{1}{\sqrt{3}}\sin\theta\sin\varphi\right) = c\cos\varphi \tag{6.27}$$

式中，J_1 为应力第一不变量，$J_1 = \sigma_1 + \sigma_2 + \sigma_3$。

④ Drucker-Prager 屈服条件

它是一种等向硬化—软化模型，可表示为

$$\alpha J_1 + (J_2')^{\frac{1}{2}} = k' \tag{6.28}$$

其中材料参数 α、k' 可表示为

$$\alpha = \frac{2\sin\varphi}{\sqrt{3}(3 - \sin\varphi)}, \quad k' = \frac{6c\sin\varphi}{\sqrt{3}(3 - \sin\varphi)} \text{（与库仑六边形的外顶点重合时）} \tag{6.29}$$

$$\alpha = \frac{2\sin\varphi}{\sqrt{3}(3 + \sin\varphi)}, \quad k' = \frac{6c\sin\varphi}{\sqrt{3}(3 + \sin\varphi)} \tag{6.30}$$

将矢量 $\boldsymbol{\alpha}$ 以适于数值计算的形式表达，可写作：

$$\boldsymbol{\alpha}^{\mathrm{T}} = \frac{\partial F}{\partial \sigma} = \frac{\partial F}{\partial J_1}\frac{\partial J_1}{\partial \sigma} + \frac{\partial F}{\partial (J_2')^{\frac{1}{2}}}\frac{\partial (J_2')^{\frac{1}{2}}}{\partial \sigma} + \frac{\partial F}{\partial \theta}\frac{\partial \theta}{\partial \sigma} \tag{6.31}$$

此处：

$$\boldsymbol{\sigma}^{\mathrm{T}} = \left\{\sigma_x, \ \sigma_y, \ \sigma_z, \ \tau_{xy}, \ \tau_{yz}, \ \tau_{zx}\right\} \tag{6.32}$$

Drucker-Prager 屈服条件考虑了岩层的静水压力对屈服特性的影响，并能反映剪切引起的膨胀（扩容）性质。在模拟岩土材料弹塑性性质时，这种屈服条件得到

了广泛应用。因此，本章采用 Drucker-Prager 屈服条件。

3D-Sigma 提供了 20 节点 6 面体单元和 10 节点 4 面体单元、外壳单元、锚杆单元、梁单元等单元类型[187]。

3D-Sigma 解方程组采用了先进行系数方阵预处理的 PCCG 法，使 PC 机解大规模的课题成为可能。例如，曾用 3D-Sigma 在奔腾 233，128M 内存的 PC 机上解超过 40000 节点的课题，时间只用 20 多分钟。

3D-Sigma 具备了以下四大特点[188-191]。

（1）强大的前处理程序的可视化，可以方便建立各种需要的模型，自动生成网格并进行合理优化。

（2）完善的后处理程序的可视化，使对计算结果的处理变得方便起来，可以方便快捷地对计算后的数据进行处理，并获得我们需要的各种分析图形。

（3）施工过程的可视化模拟，可以容易再现施工现场施工过程。

（4）PCCG（Pre-Conditoned Conjugate Gradient method）方法的采用使计算的速度大为提高。

6.3.2 数值模型建立

1）坐标系及计算范围

在计算模型中，如图 6.10 所示，沿磷矿层走向为 x 轴，长度为 350m，沿磷矿层倾向为 z 轴，长度为 280m，铅直方向即重力方向为 y 轴，高度为 340m，向上为正。磷矿层平均倾角 15°，工作面倾向长度 120m。模型上方至地表 200m 岩体的自重施加垂直方向的载荷。

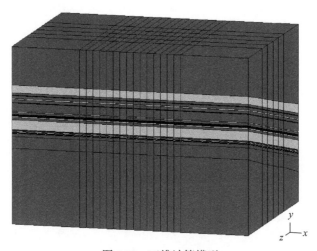

图 6.10　三维计算模型

2) 边界条件

为了提高模拟计算的可靠性，模型底部采用固定约束。在上部沿 y 方向施加垂直分布等效载荷 5.5MPa，两端边界处沿 x 方向施加水平载荷 14.5MPa，前后边界沿 z 方向施加水平载荷 22.6MPa。磷矿层回采顺序与实际工程一致。

3) 模型网格划分

为了方便材料参数的输入，一般以磷矿(岩)层的层面划分网格线，划分网格时尽可能在磷矿层开采范围内使网格尺寸足够小，并且形状规则，不出现畸形单元。如岩层厚度较大，在同一岩层内也划分多层网格。为了提高计算精度，又尽量减少单元数以提高计算速度，因此在采空区及附近网格线较密，在远离开采影响区的单元逐渐放大。模型中的单元类型为矩形六面体等参单元，模型共划分了 31458 个单元，124637 个节点。

4) 材料参数

根据计算模型的空间尺寸，在模型范围内共有 20 个磷矿(岩)层，计算材料的物理力学参数见表 6.3。

表 6.3　磷矿系地层物理力学参数

层位	厚度/m	弹性模量/GPa	泊松比	内聚力/MPa	内摩擦角/(°)	容重/(g/cm³)	抗拉强度/MPa	抗压强度/MPa
砂质泥岩	6.9	10.49	0.29	8.7	33	2.64	3.02	24.8
粉砂岩	4.0	48.56	0.32	6.3	34	2.74	3.30	93.9
2#磷矿层	1.0	3.26	0.43	6.78	46	1.7	1.06	7.1
粉砂岩	5.0	51.79	0.32	7.47	36	2.74	3.44	95.6
砂质泥岩	2.0	16.67	0.29	9.8	35	2.64	3.17	25.7
粉砂岩	5.0	56.83	0.34	7.64	37	2.75	3.50	95.8
3#磷矿层	1.1	3.02	0.43	6.76	45.5	1.75	1.24	50.0
粉砂岩	18.0	58.56	0.36	7.69	37	2.74	3.64	96.2
砂质泥岩	1.5	18.49	0.29	6.0	38	2.76	1.6	28.8
细砂岩	3.7	59.41	0.34	7.4	36	2.73	3.69	99.4
8#磷矿层	3.7	3.21	0.43	6.07	52	1.55	2.01	29.7
砂质泥岩	4.6	18.80	0.27	7.50	39	2.75	1.93	28.3
粉砂岩	3.0	62.21	0.37	8.51	38	2.78	3.45	99.4
砂质泥岩	5.0	19.66	0.27	8.23	39	2.75	2.13	30.5

续表

层位	厚度 /m	弹性模量 /GPa	泊松比	内聚力 /MPa	内摩擦角 /(°)	容重 /(g/cm³)	抗拉强度 /MPa	抗压强度 /MPa
粉砂岩	5.9	63.40	0.35	8.5	38	2.80	3.68	99.9
砂质泥岩	4.0	21.20	0.27	8.5	40	2.72	2.14	31.3
粉砂岩	5.5	63.60	0.36	8.78	39	2.78	3.74	102.4
砂质泥岩	4.5	22.66	0.27	9.72	40	2.75	2.53	28.5
粉砂岩	5.5	65.54	0.36	9.86	39	2.80	3.78	105.3
砂质泥岩	5.0	22.75	0.27	9.97	42	2.77	2.87	31.0

5）模拟分析流程

首先计算磷矿层开采前的原岩应力场，形成初始应力场后，即可进行工作面的回采。在回采模拟中，每一步回采后进行一定时步的计算，对 2#、3#、8#磷矿层依次进行回采计算，每个磷矿层分 15 步开挖。

建立初始模型→初始化应力场→原岩应力平衡→开采 2#磷矿层→开采 3#磷矿层→开采 8#磷矿层→模拟结束。

6.3.3 初始应力场分布

在不进行任何开挖支护模拟的第一步，模型中有自重应力场和构造应力场作用[192]，垂直应力从模型的顶部向下依次增大，呈近水平分布，但在岩层面处，由于材料性质的改变，这些区域发生一定的应力集中现象，模型 σ_y 应力最大为 45.0MPa，如图 6.11 所示。

垂直应力/kPa
-47525.957
-45009.051
-42492.145
-39975.238
-37458.332
-34941.426
-32424.520
-29907.613
-27390.707
-24873.801
-22356.895
-19839.988
-17323.082
-14806.176
-12289.270
-9772.363
-7255.457
-4738.551
-2221.645
295.262

扫码见彩图

图 6.11 模型初始应力场分色图

6.3.4　首采磷矿层(2#磷矿层)应力分布规律

1) 采磷矿工作面前方磷矿体受力分析

采磷矿工作面前方的极限平衡区受力状况如图 6.12 所示。

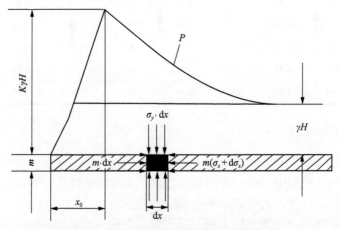

图 6.12　工作面前方的极限平衡区受力状况

由图 6.12 建立极限平衡方程为

$$m(\sigma_x + \mathrm{d}\sigma_x) - m\sigma_x - 2\sigma_y \cdot f \cdot \mathrm{d}x = 0 \tag{6.33}$$

式中，f 为磷矿层与顶底板接触面摩擦系数；x 为磷矿壁至磷矿体内某点的距离；m 为采高。

令 $\dfrac{\mathrm{d}\sigma_y}{\mathrm{d}\sigma_x} = \lambda$，$\lambda$ 为侧压系数。则 $\mathrm{d}\sigma_y \cdot \lambda \cdot m - 2\sigma_y \cdot f \cdot \mathrm{d}x = 0$，解得

$$\frac{\mathrm{d}\sigma_y}{\mathrm{d}x} = \frac{2f \cdot \sigma_y}{m} \cdot \lambda$$

$$\int \frac{\mathrm{d}\sigma_y}{\sigma_y} = \int \frac{2f \cdot \lambda}{m} \mathrm{d}x$$

$$\ln \sigma_y = \frac{2f \cdot x \cdot \lambda}{m} + c$$

当 $x = 0, \sigma_y = N_0$ 时，$c = \ln N_0$。

所以 $\dfrac{\sigma_y}{N_0} = \mathrm{e}^{\frac{2f \cdot x \cdot \lambda}{m}}$

在极限平衡区，垂直应力的分布规律为

$$\sigma_y = N_0 \cdot \mathrm{e}^{\frac{2f \cdot x \cdot \lambda}{m}} \tag{6.34}$$

式中，N_0 为磷矿壁边缘处的支撑力。

峰值应力为

$$\sigma_{y\max} = K\gamma h \tag{6.35}$$

又得支承压力峰值到磷矿壁的距离为

$$x_0 = \frac{m}{2f \cdot \lambda} \cdot \ln \frac{K\gamma h + c \cot \varphi}{\xi(N_0 + c \cot \varphi)} \tag{6.36}$$

式中，φ 为磷矿体的内摩擦角；ξ 为三轴应力系数，$\xi = \dfrac{1 + \sin \varphi}{1 - \sin \varphi}$；$h$ 为巷道埋深；K 为应力集中系数；c 为磷矿体的内聚力。

2) 工作面前后支承压力分布

根据采场上覆岩层"砌体梁"结构模型理论，对整个上覆直至地表岩层的整体运动规律提出"横三区""竖三带"的认识，即沿工作面推进方向上覆岩层将分别经历磷矿壁支承区、离层区、重新压实区，由下往上岩层移动分为垮落带、裂缝带、弯曲下沉带，如图 6.13 所示[193]。

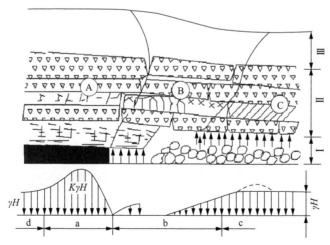

图 6.13　采场支承压力分布及上覆岩层结构

Ⅰ-垮落带；Ⅱ-裂缝带；Ⅲ-弯曲下沉带；A-磷矿壁支承区；B-离层区；C-重新压实区；
a-应力增高区；b-应力降低区；c-应力不变区；d-原岩应力区；γH-体积力

由于采场推进，矿山压力及其显现随着上覆岩层的运动处于不断变化中。在回采工作面前方磷矿壁支承区内断裂带岩层处于悬垂状态，其悬空部分的岩层重量几乎全部由工作面前方磷矿壁支撑。因磷矿壁支撑的刚性较大，越向磷矿壁深处其强度越大。因而必然在工作面前方磷矿壁中出现比原岩应力大得多的支承压力，即应力增高区。随着工作面推进，离层区内跨落带岩层被逐步压缩，其上覆岩层重量逐渐作用在底板岩层，采空区内支承压力渐渐降低，即应力降低区。在重新压实区内跨落带和底板岩层的压力恢复到接近原岩应力，即应力不变区。因此，工作面前后支承压力分布曲线由应力增高区 a、应力降低区 b、应力不变区 c及原岩应力区 d 构成。

3) 首采(2#磷矿层)工作面前后支承压力分布特征

从图 6.14 可以看出，工作面前方的支承压力随工作面向前推进而不断前移，形成超前移动的支承压力，超前支承压力又随工作面向前推进而随之前移，由回采所引起的采动压力是连续的，并以相同的应力波形不断向前传播，则在工作面前方始终存在一个应力高峰区。工作面前方应力峰值随着跨距的增大而逐渐增大，当工作面推进 100m 后工作面前方应力峰值趋于稳定。根据工作面前后支承压力分布特征，将工作面前后方应力划分为应力增高区、应力降低区和原岩应力区，如图 6.15 所示。以工作面推进 100m 时工作面前后方应力分布特征为例，分析如下。

原岩应力区：该区域距工作面较远，在工作面推进过程中不受采动影响，一般在 34m 以外。

应力增高区：该区域受工作面采动压力影响，在工作面前方 34 m 及工作面后方切眼磷矿壁附近 42m 范围内。

应力降低区：回采工作面推过后，离层区内跨落带岩石被逐步压缩，其上覆岩层重量逐渐作用在底板岩层中，并将其重量向采场周围转移，采空区内支承压

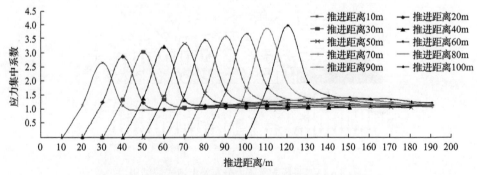

图 6.14　首采磷矿层推进过程中工作面前方 σ_y 分布曲线

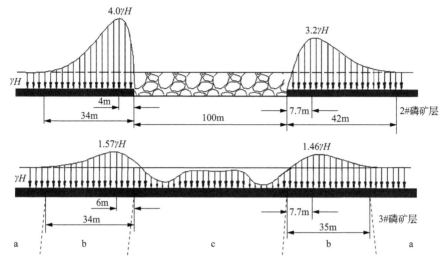

图 6.15　首采磷矿层推进 100m 时工作面前后 σ_y 分布

a-原岩应力区；b-应力增高区；c-应力降低区

力渐渐降低，因而在一定范围内采空区处于卸压状态，其应力均低于原岩应力。

　　从图 6.15 可以看出，3#磷矿层受上部磷矿层开采影响在 2#磷矿层磷矿体下方形成了应力增高区，在采空区下方范围内形成了应力降低区。3#磷矿层应力增高系数为 1.57、1.46，影响范围为 34m。

　　推进过程中工作面后方切眼磷矿壁附近的应力也随工作面推进而逐渐增大，以相同的应力波形向后方传播。推进过程中工作面后方切眼磷矿壁附近的应力峰值随工作面推进距离的增大而增大，工作面后方切眼磷矿壁附近的应力集中系数从 1.45 逐渐增大至 3.2，应力峰值距离磷矿壁为 7.7m，影响范围为 42m，如图 6.16 所示。工作面后方切眼磷矿壁附近的应力均小于工作面前方磷矿壁附近的应力。

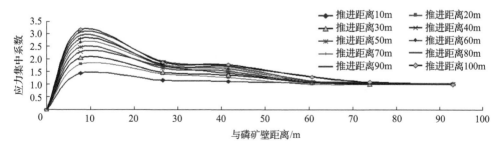

图 6.16　首采磷矿层推进过程中工作面后方切眼磷矿壁附近的 σ_y 分布曲线

　　工作面前方及后方切眼磷矿壁附近应力的形成，主要是位于冒落带以上岩层在一定条件下能够形成一种非对称形式的平衡结构，这种结构可能是拱或板的形式，它承担了采空区上覆岩层的重量，并将大部分重量转移到工作面前方及两侧磷矿体(柱)上。该结构前后方有两个支撑点,即前方磷矿体和后方采空区冒落带的矸石。因为结构的不对称,前方磷矿体的压力很大,传递得也很远,后方则相对小些,后支承压力虽有升高,但上升的幅度不会太大。在矸石被压实后后方压力逐渐恢复到原始应力。

6.3.5　重复一次(3#磷矿层)开采应力分布规律

2#磷矿层开采结束后,由于 3#磷矿层处于 2#磷矿层下方应力降低区内,3#磷矿层开采过程中,在3#磷矿层回采工作面前方磷矿壁附近形成应力增高区,应力在高度集中后急剧降低;在2#磷矿层采空区下方3#磷矿层回采工作面前方 10m 处开始出现拉应力,如图 6.17、图 6.18 所示。

3#磷矿层开采过程中,2#磷矿层工作面前方停采线附近的应力集中系数降低3.5,工作面后方切眼磷矿壁附近应力集中系数增大为 3.5,即2#磷矿层工作面前后方应力相等,应力峰值与磷矿壁距离及影响范围分别为 7.7m、42m。

3#磷矿层开采过程中,工作面前方形成了应力“双峰”曲线,其中工作面前方应力增高区应力小而集中,影响范围较小,第二个应力增高区宽而平缓,应力影响范围较大。在工作面推进过程中,工作面后方切眼磷矿壁附近的应力均大于工作面前方磷矿壁附近的应力,达到充分采动后,两者应力基本一致。当 3#磷矿层推进 100m 时工作面前方应力集中系数为 2.87,应力峰值与磷矿壁距离为 2m,影响范围 5m,2#磷矿层工作面停采磷矿体下,3#磷矿层形成的应力增高系数为1.59。工作面后方切眼磷矿壁附近应力集中系数为 3.0,应力峰值与磷矿壁距离及影响范围分别为 7.7m、45m。

8#磷矿层受上部磷矿层开采影响,在 3#磷矿层工作面前方第二个应力增高区边界至工作面后方切眼磷矿壁范围内,8#磷矿层形成应力降低区。在3#磷矿层工作面前方第二个应力增高区下方及工作面后方切眼磷矿壁附近形成了应力增高区,应力增高系数分别为 1.1、1.14。

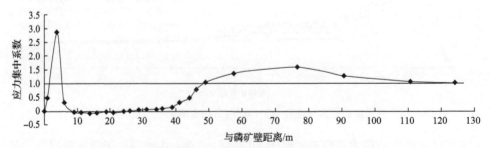

图 6.17　3#磷矿层推进 100m 时工作面前后方 σ_y 分布曲线

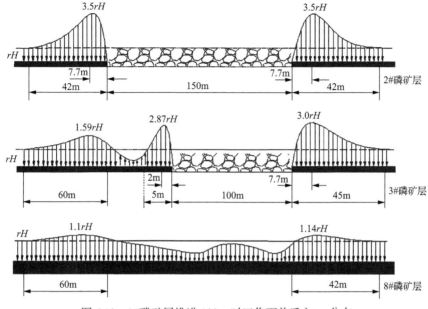

图 6.18 3#磷矿层推进 100m 时工作面前后方 σ_y 分布

6.3.6 重复二次(8#磷矿层)开采应力分布规律

8#磷矿层开采过程中,2#磷矿层工作面后方切眼磷矿壁附近的应力、3#磷矿层工作面前方停采线附近的应力及工作面后方切眼磷矿壁附近的应力均有变动,当 8#磷矿层推进到 100m 时,首采磷矿层工作面后方切眼磷矿壁附近的应力集中系数由 3.5 降低为 3.0,工作面前方的应力集中系数不变;重复一次开采工作面后方切眼磷矿壁附近的应力集中系数由 3.0 降低为 2.5,工作面前方的应力集中系数由 3.5 降低为 3.13,说明 8#磷矿层开采对上部 2#、3#磷矿层均有影响。

8#磷矿层开采过程中,在 3#磷矿层采空区下方的应力降低区内,因此在工作面前方形成了应力"双峰"曲线,其中工作面前方应力增高区应力小而集中,影响范围较小,第二个应力增高区宽而平缓,应力影响范围较大;在 3#磷矿层采空区下方应力降低区内 8#磷矿层工作面前方形成应力降低区,在 3#磷矿层工作面前方应力增高区下方形成第二个应力增高区,如图 6.19、图 6.20 所示,这两个应力增高区的应力增高系数分别为 2.23、1.18。工作面后方切眼磷矿壁附近的应力集中系数为 2.2,比上部磷矿层工作面后方切眼磷矿壁附近的应力集中系数小,应力峰值与磷矿壁距离为 7.7m,影响范围 58m,都大于上部磷矿层影响范围。

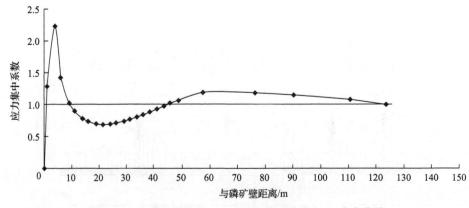

图 6.19 8#磷矿层推进 100m 时工作面前后方 σ_y 分布曲线

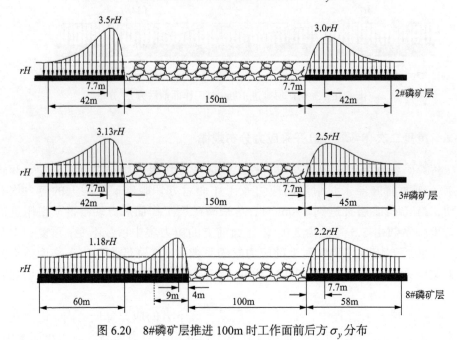

图 6.20 8#磷矿层推进 100m 时工作面前后方 σ_y 分布

6.3.7 倾斜方向磷矿层应力分布规律

1)沿倾斜方向首采磷矿层采空区两侧支承压力分布特征

沿倾斜方向工作面两侧磷矿体的支承压力分布状态基本相似，在磷矿壁附近应力集中显著。工作面下侧磷矿体的支承压力大于工作面上侧磷矿体，由于原岩应力因素，工作面下侧磷矿体应力集中系数小于工作面上侧磷矿体，但其集中程度略高，影响范围也略大些。其中工作面上侧应力峰值距磷矿壁 4.5m，影响范围

25m，工作面下侧应力峰值距磷矿壁 5.5m，影响范围 40m，如图 6.21 所示。

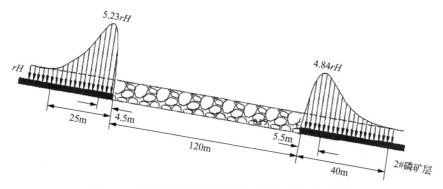

图 6.21 沿倾斜方向首采磷矿层采空区两侧 σ_y 分布

2)沿倾斜方向重复一次采动采空区两侧支承压力分布特征

由于沿倾斜方向的支承压力由初期的不稳定状态到稳定的残余支承压力，要经过一段较长的时间过程，一般在 1 年左右，所以下部磷矿层开采导致首采磷矿层采空区两侧磷矿体应力峰值降低，影响范围增大，而下部磷矿层采空区两侧应力峰值相对上部磷矿层采空区两侧应力峰值要大，其影响范围也较上部磷矿层大，如图 6.22 所示。

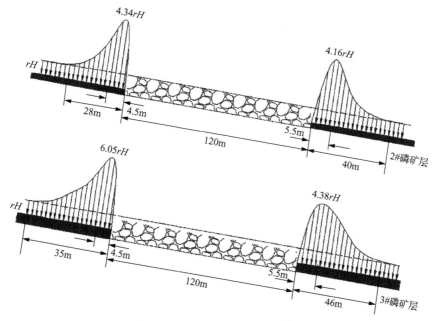

图 6.22 沿倾斜方向重复一次采动磷矿层采空区两侧 σ_y 分布

3）沿倾斜方向重复二次开采采空区两侧支承压力分布特征

重复二次开采后，上部首采磷矿层及重复一次开采磷矿层采空区两侧应力峰值均有降低，且影响范围都有扩大，但处于中间的重复一次开采磷矿层工作面上侧应力峰值较其上部磷矿层和下部磷矿层工作面上侧应力峰值均小。各磷矿层工作面下侧应力峰值均低于其工作面上侧应力峰值，影响范围均大于其工作面上侧影响范围，下部磷矿层采空区两侧应力影响范围均大于其上部磷矿层采空区两侧应力影响范围，如图 6.23 所示。

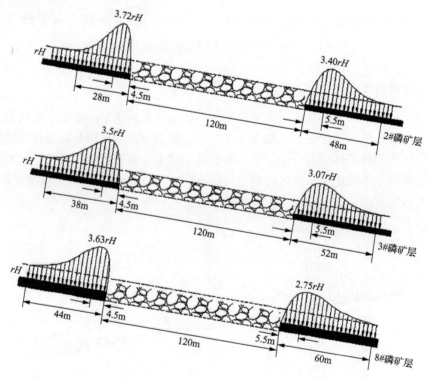

图 6.23 沿倾斜方向重复二次开采磷矿层采空区两侧 σ_y 分布

6.3.8 磷矿层底板应力分布规律

1）沿走向首采磷矿层底板应力分布特征

由于工作面前方支承压力以非均布载荷向底板传递，在工作面前方磷矿体下方呈现应力集中现象，且底板应力随深度的增加而逐渐递减，到一定深度下趋于原岩应力。磷矿体下的 σ_y 等应力线呈泡形并斜向于工作面前方，采空区下方岩层

的 σ_y 等应力线呈椭圆状。以工作面推进 100m 为例，按底板应力分布状态，将底板沿走向分为 3 个区，如图 6.24 所示。

（1）原岩应力区：该区域位于工作面前方 34m 以远，底板岩层不受采动影响，处于原岩应力状态。

（2）应力增高区：工作面前方支承压力向底板传递，在磷矿体下方形成了高于原岩应力的集中应力，在底板 42m 深度范围内受工作面前方支承压力影响。

（3）应力降低区：因集中应力传递到采场周围的磷矿体及冒落矸石，在采空区内处于卸压状态，其 σ_y 均低于原岩应力。

随着工作面推进，位于磷矿层底板的这三个区将不断向前移动，因此回采工作面前后支承压力在底板岩层中的传播属动压影响，对下部磷矿层开采及巷道维护有直接影响。

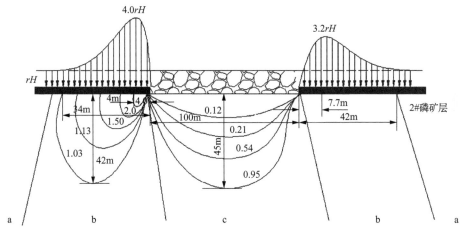

图 6.24　沿走向首采磷矿层工作面推进 100m 底板 σ_y 等应力线分布

a-原岩应力区；b-应力增高区；c-应力降低区

2）沿走向重复二次开采磷矿层底板应力分布特征

根据研究需要，本次不对中间磷矿层开采底板的应力分布进行分析。重复二次开采工作面推进到 100m 时，重复二次开采工作面位于上部磷矿层采空区范围内，受上部采空区影响，工作面前方应力峰值较上部磷矿层应力小，应力集中系数为 2.23，峰值与磷矿壁距离为 4m，影响范围较小。则工作面前方支承压力向底板传播影响深度相对减小，影响深度为 12m，采空区卸压影响深度为 39m，如图 6.25 所示。

从图 6.26 可以看出，离 8#磷矿层垂直距离越远，底板岩层应力变化幅度越小，在距 8#磷矿层 35m 范围内底板岩层应力受 8#磷矿层开采影响比较明显，在 8#磷矿层采空区下方底板岩层应力卸压比较明显，在采空区底板 25m 范围内 8#磷矿层工作面前方应力增高区底板岩层应力相应增高，但工作面前方应力增高区底板应力增高幅度明显小于工作面后方切眼磷矿壁附近应力增高区底板应力；在距 8#磷矿层 45m 时底板岩层应力几乎不受 8#磷矿层开采影响，岩层应力接近原岩应力。研究表明，距 8#磷矿层垂直距离 35m 范围内底板岩层受上部磷矿层开采影响明显，45m 以下底板岩层不受上部磷矿层开采影响。

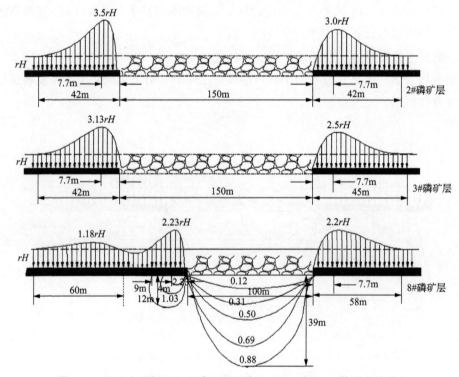

图 6.25　沿走向重复二次开采工作面推进 100m 底板 σ_y 等应力线分布

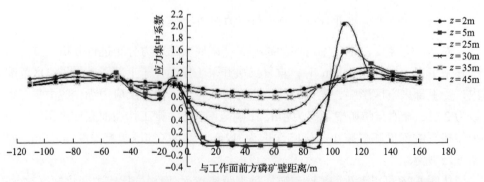

图 6.26　沿走向重复二次工作面推进 100m 底板岩层不同深度 σ_y 分布曲线

3) 沿倾斜方向首采磷矿层开采采空区两侧底板应力分布特征

磷矿层底板岩层内的应力分布呈扩展状况，其 σ_y 随着与磷矿层距离的增加而逐渐减小，在工作面两侧磷矿体下方 σ_y 等应力线呈倾向于磷矿体的泡形分布，在磷矿体下方应力集中显著。下侧应力集中程度高于上侧应力集中程度，下侧应力影响范围也大于上侧。沿倾斜方向磷矿层底板应力分布可分为应力增高区（该区域内支承压力曲线变化较陡，分布范围较小）、应力降低区和原岩应力区，如图 6.27 所示。底板应力增高区内支承压力曲线变化较陡，分布范围较小。

首采磷矿层开采后，在工作面上侧磷矿体下方形成的应力增高区影响深度为 25m，工作面下侧磷矿体下方形成的应力增高区影响深度为 30m，在采空区下方形成的应力降低区影响深度为 35m。

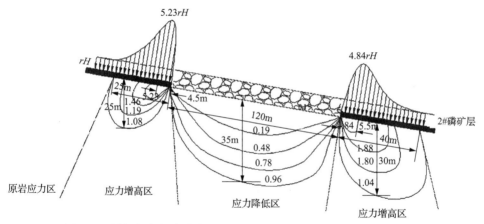

图 6.27 沿倾斜方向首采磷矿层开采采空区两侧底板 σ_y 等应力线分布

4) 沿倾斜方向重复一次开采采空区两侧底板应力分布特征

重复一次磷矿层开采，工作面两侧底板下方应力影响深度大于首采磷矿层开采工作面两侧底板应力传播深度，在工作面上侧磷矿体下方形成的应力增高区影响深度为 35m，工作面下侧磷矿体下方形成的应力增高区影响深度为 40m，在采空区下方形成的应力降低区影响深度为 40m，如图 6.28 所示。

5) 沿倾斜方向重复二次开采采空区两侧底板应力分布特征

重复二次磷矿层开采，在采空区两侧底板下方应力影响深度大于重复一次开采采空区两侧底板应力传播深度，在工作面上侧磷矿体下方形成的应力增高区影响深度为 44m，工作面下侧磷矿体下方形成的应力增高区影响深度为 60m，在采空区下方形成的应力降低区影响深度为 60m，如图 6.29 所示。

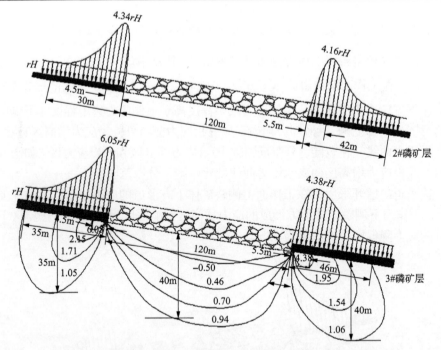

图 6.28　沿倾斜方向重复一次开采采空区两侧底板 σ_y 等应力线分布

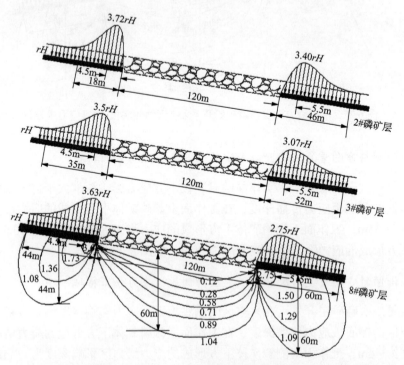

图 6.29　沿倾斜方向重复二次开采采空区两侧底板 σ_y 等应力线分布

由图 6.30 可知，8#磷矿层开采底板不同深度垂直应力变化较大，底板岩层应力的变化幅度与距 8#磷矿层距离相关。在 8#磷矿层底板 45m 范围内，底板岩层应力受上部磷矿层开采影响明显，在 8#磷矿层采空区下方底板岩层应力明显降低，在 8#磷矿层工作面上侧及工作面下侧磷矿壁附近应力增高区下方底板岩层应力相应增高，但工作面上侧应力增高区下方底板应力增高幅度大于工作面下侧磷矿壁附近应力增高区下方底板应力；在距 8#磷矿层 60m 时底板岩层应力几乎不受8#磷矿层开采影响，岩层应力接近原岩应力。研究表明，沿倾斜方向距 8#磷矿层法向距离 45m 范围内底板岩层受上部磷矿层开采影响，60m 以下底板岩层不受上部磷矿层开采影响。

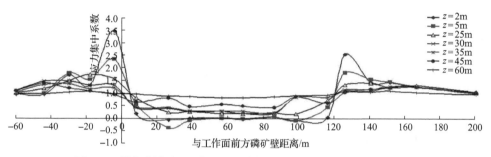

图 6.30　沿倾斜方向 8#磷矿层开采底板不同深度垂直应力变化曲线

6.4　本 章 小 结

(1)本章研究了声发射凯塞效应测试岩体地应力的原理及方法，并根据测试数据应用弹性力学理论推导出地下岩体测点 285 运输联络巷、三采区+450 m 装车石门处的地应力值，为建立数值模型提供了应力边界条件。

(2)通过对磷矿层群支承压力分布规律的研究，得出了如下研究成果。沿走向首采磷矿层工作面前方支承压力随工作面的推进而以相同的应力波形不断向前传播，工作面前方应力峰值随着工作面的推进而逐渐增大。重复一次及重复二次开采过程中，工作面前方均形成了应力"双峰"曲线，其中工作面前方应力增高区应力小而集中，影响范围较小，第二个应力增高区宽而平缓，应力影响范围较大；沿倾斜方向在工作面采空区两侧形成了应力单峰曲线，其中采空区下侧磷矿体的应力集中系数小于工作面上侧磷矿体应力集中系数，但其应力集中程度略高，影响范围也略大。

(3)通过对磷矿层群底板应力分布规律的研究，得出了如下规律。磷矿体下的 σ_y 等应力线呈泡形并斜向于工作面前方，采空区下方岩层的 σ_y 等应力线呈椭圆状。随着工作面推进，位于磷矿层底板的原岩应力区、应力增高区、应力降低区这三个区将不断向前移动。离 8#磷矿层垂直距离越远，底板岩层应力变化幅度越小，在距 8#磷矿层垂直距离 35 范围内底板岩层受上部磷矿层开采影响明显，45m以下底板岩层不受上部磷矿层开采影响。在磷矿层底板岩层内应力分布呈扩展状况，其底板 σ_y 随着与磷矿层距离的增加而逐渐减小，在工作面两侧磷矿体下方 σ_y 等应力线呈倾向于磷矿体的泡形分布，在磷矿体下方应力集中显著。下侧应力集中程度高于上侧应力集中程度，应力影响范围也大于上侧。底板应力增高区内支承压力曲线变化较陡，分布范围较小。沿倾斜方向距 8#磷矿层采空区两侧支承压力在底板岩层中传播的静压影响范围为 45m。

7 采场应力对深部磷矿软岩巷道
围岩稳定性的影响分析

磷矿层群底板巷道围岩应力场变化主要是由上覆磷矿层工作面位置不断变化造成的，同时也受到底板巷道与上覆磷矿层垂距的影响，研究磷矿层群工作面推进位置与底板巷道围岩应力的关系、底板巷道和磷矿层群的垂距与底板巷道围岩应力关系是指导底板巷道围岩变形控制的依据[194-196]。

7.1 停采磷矿柱合理尺寸

为了合理布置巷道，确定跨上山回采的停采磷矿柱位置及停采磷矿柱尺寸十分必要。磷矿层群的停采磷矿柱布置方式一般分为内错式、重叠式和外错式三种[197]。其中，外错式布置停采磷矿柱通常在下部磷矿柱内产生很严重的应力集中，对下部磷矿层回采影响较大。因此，对 2#、3#、8#磷矿层的停采磷矿柱的布置仅考虑内错式或重叠式两种情况。停采磷矿柱尺寸留设开采方案选择了三种尺寸，如图 7.1

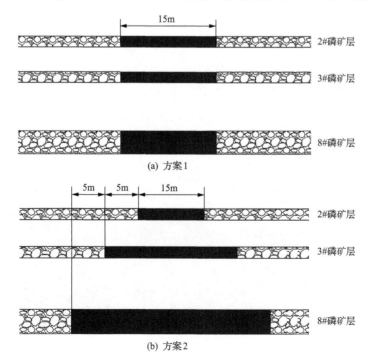

(a) 方案1

(b) 方案2

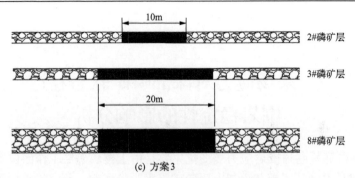

(c) 方案3

图 7.1　停采磷矿柱合理尺寸留设方案

所示，其中方案 1 为 2#、3#、8#磷矿层均重叠留设 15m 停采磷矿柱，如图 7.1(a)所示，方案 2 为各磷矿层相对于上一磷矿层其两侧各内错 5m，即 2#、3#、8#磷矿层停采磷矿柱分别为 10m、20m、30m，如图 7.1(b)所示；方案 3 为 3#、8#磷矿层相对于 2#磷矿层其两侧各内错 5m，3#、8#磷矿层停采磷矿柱重叠布置，即2#、3#、8#磷矿层停采磷矿柱分别为 10m、20m、20m，如图 7.1(c)所示。

　　通过三个停采磷矿柱尺寸方案的对比分析，得到如图 7.2 所示的结果。方案 1中三层磷矿的停采磷矿柱处应力分布均比较集中，2#、3#、8#磷矿层停采磷矿柱峰值应力分别为 44.2MPa、55.8MPa、73.0MPa，其应力集中系数分别为 2.92、2.95、2.85。方案 2 中 2#磷矿层停采磷矿柱处应力分布集中，3#、8#磷矿层停采磷矿柱

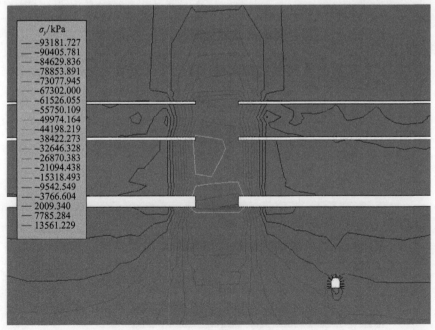

(a) 方案1

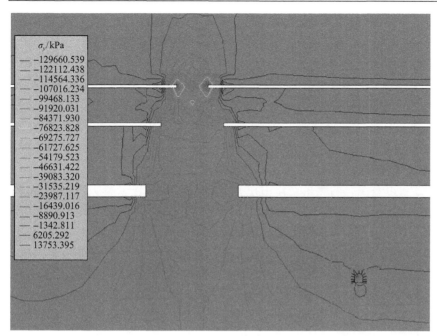

(b) 方案2

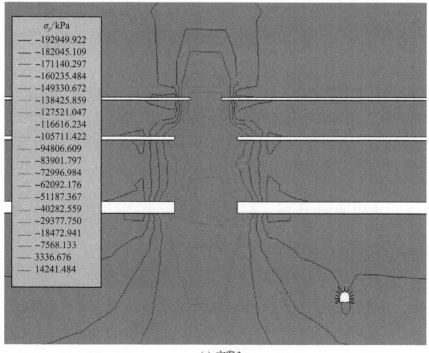

(c) 方案3

扫码见彩图

图 7.2　各方案停采磷矿柱 σ_y 等值线(单位：kPa)

处应力分布比较集中，2#、3#、8#磷矿层停采磷矿柱峰值处应力分别为 107.0MPa、54.2MPa、76.8MPa，其应力集中系数分别为 7.07、2.86、3.02。方案 3 中三层磷矿的停采磷矿柱处应力分布相对分散，2#、3#、8#磷矿层停采磷矿柱处峰值应力分别为 62.0MPa、51.2MPa、62.0MPa，其应力集中系数分别为 4.10、2.70、2.44。方案 3 的应力集中影响范围比方案 1、方案 2 的影响范围要小得多。因此，选择方案 3 停采磷矿柱尺寸比较合理。

从图 7.2 应力分布情况可以看出，距离开采边缘越近，其应力越高，反之则越小。这一规律对底板岩层中巷道位置的选择有重要意义。

从图 7.3 可以看出，两侧采空作用在 8#磷矿层 20m 宽停采磷矿柱下方 2m 的支承压力在磷矿柱中心线处较小，最大为原岩应力的 2.6 倍。随着距离磷矿层垂直距离的加大，磷矿柱下方底板应力峰值随深度增加而呈负指数衰减，即，其中，为与采深、采高、底板岩性等有关的参数。在磷矿柱下方 35m 处支承压力影响明显，在磷矿柱下方 60m 处不受支承压力影响。可见，在磷矿柱下方底板岩层一定范围内形成应力增高区，同时在磷矿柱附近采空区下方底板岩层一定范围内形成应力降低区。据此来设计底板巷道布置位置，可以避免或减轻磷矿柱支承压力对巷道围岩的破坏。

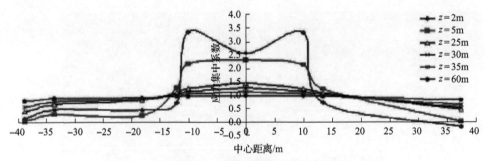

图 7.3　8#磷矿层 20m 宽停采磷矿柱底板 σ_y 分布曲线

7.2　软岩巷道受重复采动影响围岩稳定性分析

7.2.1　数值模型的建立

为了研究磷矿层群开采对底板上山围岩位移及应力场的影响，以尖山磷矿北部矿区工程地质条件为依据，采用岩土分析数值模拟软件 3D-Sigma 分析多磷矿层采场推进过程中底板上山围岩的应力、位移变化，揭示磷矿层群开采时底板上山围岩变形破坏机理。本次只计算一个区段跨采对底板上山的影响，不考虑 8#磷矿层区段磷矿柱对底板上山的影响。

1) 坐标系及计算范围

在计算模型(图 7.4)中，沿磷矿层走向为 x 轴，长度为 580m，沿磷矿层倾向为 z 轴，长度为 280m，铅直方向即重力方向为 y 轴，高度为 340m，向上为正。磷矿层平均倾角 15°，工作面倾向长度 120m。模型上方至地表 200m 岩体的自重施加垂直方向的载荷。

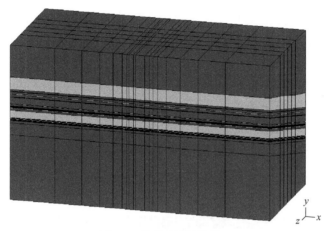

图 7.4 巷道开挖计算模型

2) 边界条件

为了提高模拟计算的可靠性，模型底部采用固定约束。在上部沿 y 方向施加垂直分布等效载荷 5.5MPa，两端边界处沿 x 方向施加水平载荷 18.0MPa，前后边界沿 z 方向施加水平载荷 22.6MPa。磷矿层回采顺序与实际工程一致。

3) 模型网格划分

模型共划分了 33792 个单元，144931 个节点。

4) 材料参数

根据前述计算模型的空间尺寸，在模型范围内共有 20 个磷矿(岩)层，计算材料的物理力学参数见表 7.1。

5) 模拟分析流程

首先计算磷矿层开采前的原岩应力场，形成初始应力场后，即可进行工作面的回采。在回采模拟中，每一步回采后进行一定时步的计算，在同磷矿层中，先

表 7.1　模拟上山支护材料参数

支护材料	锚杆直径/mm	锚杆长度/m	喷层厚度/mm	弹性模量 E/GPa	泊松比
锚杆	16	1.5		200	
喷层			100	20	0.18
钢筋砼支架			80	190	0.18

右翼的工作面跨过上山达到停采线，之后再左翼的磷矿层工作面从左向右推进到达停采线，对 2#、3#、8#磷矿层依次进行回采计算。

建立初始模型→初始化应力场→原岩应力平衡→开挖巷道→支护→开采 2#磷矿层→开采 3#磷矿层→开采 8#磷矿层→模拟结束。

北部矿区一采区回风上山设计支护方式为锚网喷及格栅拱架联合支护，回风上山布置于 8#磷矿层底板下方 30m 的泥岩中，上山与上部磷矿层跨上山回采停采磷矿柱的水平距离为 30m，上山与上部磷矿层的空间关系如图 7.5 所示。上山为直墙半圆拱巷道，净断面尺寸为巷宽 3.4m，墙高 1.5m，拱高 1.7m(图 7.6)。

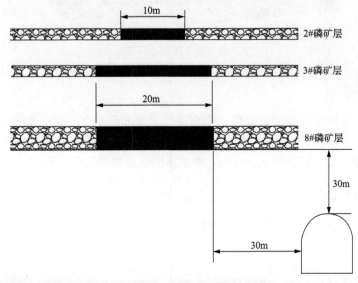

图 7.5　上山与上部磷矿层的空间关系

上山支护参数如下。

(1)锚杆排间距 0.8×0.8m²，直径 ϕ16mm，长 1.5m，孔底端锚固段长≥0.4m，预应力≥3t，树脂药卷与锚孔按 ϕ24mm 配套，其锚杆托盘尺寸 150mm×150mm，厚 10mm。沿巷道断面一共布置 13 根锚杆。

(2)金属网采用 10#铁丝机制 50mm×50mm 的菱形网加邦顶钢带联合喷浆支

护，其金属网搭接宽≥100mm，捆扎间距≤100mm，邦、顶钢带用 80×5mm 扁钢制做。

(3)格栅拱架采用钢筋砼支架，钢筋尺寸为 ϕ20mm，且拱顶合拢，其格栅拱架间距 1.6m。

(4)喷 200# 砂浆层厚度 100mm，其底板喷浆参数及工艺与帮顶一致。

模拟上山支护材料参数见表 7.1。

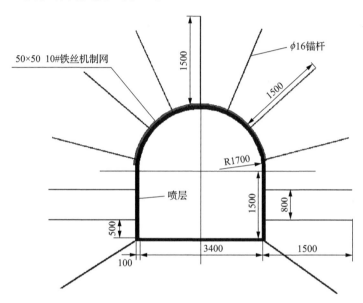

图 7.6　设计上山支护断面(单位：mm)

7.2.2　重复采动下巷道围岩变形规律

巷道开挖后引起应力重新分布，由三向受力状态转化为双向受力状态，垂直应力向两帮转移，水平应力向顶底板转移，从而在围岩周围产生应力集中。因垂直应力主要作用于两帮，导致两帮围岩破坏；而水平应力主要作用于顶底板，引起底鼓。由图 7.7 可知，巷道开挖后，上山受垂直应力作用以压缩变形为主，导致两帮向巷外扩张，随着 2#磷矿层开采，巷道受力状态发生变化，受水平应力作用，两帮开始向巷内移动，两帮位移变动范围在 1~43mm；两帮的破坏随着支承压力向深部转移而逐渐发展，导致在 3#磷矿层开采过程中两帮围岩逐渐向巷道内移动，右帮最大内移量达到 38.4mm；8#磷矿层跨采过程中两帮围岩受跨采影响巷道内移剧烈，右帮最大内移量为 190.5mm。因跨采过程是从右向左推进，所以右帮变形稍大于左帮。

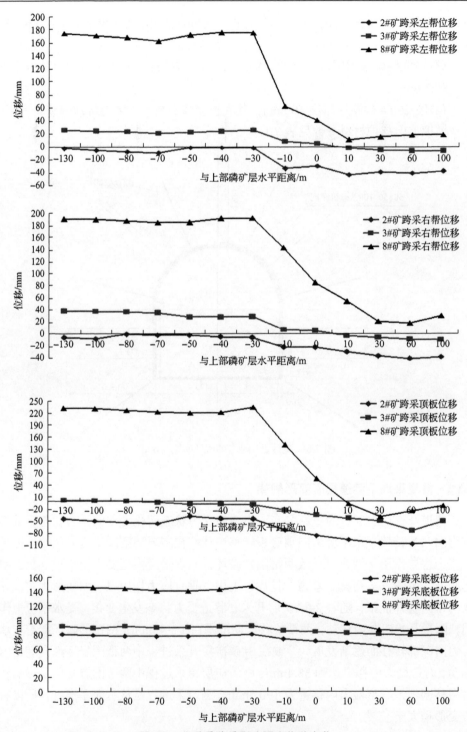

图 7.7　巷道受跨采影响围岩位移变化

2#磷矿层开采巷道顶板以下沉为主，位移变动范围在 42～105mm；3#磷矿层开采顶板受两帮内移影响，受挤压而有向上运动的趋势，变形量减小；8#磷矿层开采顶板受两帮内移影响严重，向上挤压变形量为 234.6mm。

2#磷矿层开采底鼓量在 56～80mm，3#磷矿层开采底鼓量最大为 91.4mm，8#磷矿层开采受跨采影响底鼓量逐渐增大至 148mm。

根据上述分析，可得到重复采动影响下底板巷道围岩变形特点如下。

（1）2#磷矿层开采，上山顶底板及两帮变形量较小，说明 2# 磷矿层跨采对底板巷道围岩稳定性基本无影响。

（2）3#磷矿层开采，顶底板及两帮变形量增大，上山围岩受跨采影响不明显。

（3）8#磷矿层开采，除了左帮围岩变形量从距离工作面 10m 处开始逐渐增大外，顶底板及右帮围岩变形从距离上部磷矿层回采工作面 30m 处开始逐渐增大，到距离上部磷矿层回采工作面–30m 处变形趋于稳定。在距离回采工作面 30m 到 –30m 巷道由于受到上部 8#磷矿层回采工作面跨采的强烈影响，跨采过程中巷道变形量较大，围岩变形特征以两帮内移为主。

（4）停采磷矿柱左侧磷矿层开采，上山顶底板及两帮不受采动影响，变形趋向稳定。

在巷道掘进、2#磷矿层采动、3#磷矿层采动、8#磷矿层采动影响期，巷道顶底板及两帮变形量见表 7.2，巷道在掘进及 2#磷矿层采动影响期顶板及两帮变形以压缩变形为主，顶板移近量分别为 99mm、105mm，两帮移近量分别为 62.4mm 和 80mm，底鼓量分别为 65.4mm、80mm。3#磷矿层采动影响期顶板下沉 71.1mm，巷道两帮移近量 65mm，底鼓量 91.4mm。8#磷矿层采动影响期两帮移近量较大，导致底鼓严重，顶板破坏严重，其中，巷道顶板挤压变形 234.6mm，两帮移近量 366.3mm，底鼓量 148mm。从巷道围岩变形情况可知，锚网喷支护不能有效抵抗上山围岩变形。

表 7.2 受采动影响巷道围岩变形

时期	顶板移近量/mm	底鼓量/mm	两帮移近量/mm
掘进影响期	99.0	65.4	62.4
2#磷矿层采动影响期	105.0	80.0	80.0
3#磷矿层采动影响期	71.1	91.4	65.0
8#磷矿层采动影响期	234.6	148.0	366.3

7.2.3 重复采动下巷道围岩应力分布规律

从图 7.8 可以看出，巷道左右帮最大主应力受跨采影响变化基本一致，3#磷矿层跨采两帮最大主应力比 2#磷矿层跨采降低了 4MPa 左右，2#、3#磷矿层跨采对

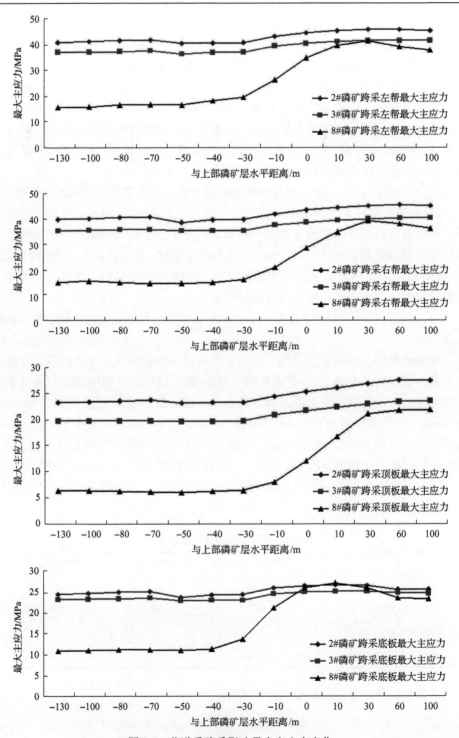

图 7.8 巷道受跨采影响最大主应力变化

巷道两帮的影响非常小。随着 8#磷矿层开采，距离巷道越近，两帮最大主应力逐渐减小，特别是距工作面 30m 开始，最大主应力开始急剧降低，从 40MPa 左右减小到与巷道水平距离−40m 时的 15MPa 左右，而停采磷矿柱左侧的开采最大主应力几乎没有变化。

巷道顶板最大主应力比两帮最大主应力低 18MPa 左右，3#磷矿层跨采巷道顶板最大主应力比 2#磷矿层跨采降低了 4 MPa 左右，2#、3#磷矿层跨采对巷道顶板的影响也非常小。巷道顶板最大主应力随着 8#磷矿层工作面的推进而逐渐减小，从与回采工作面水平距离 30m 时的 21MPa 左右降低到与巷道水平距离−40m 时的 6MPa 左右，停采磷矿柱左侧开采最大主应力维持不变。

2#、3#磷矿层在跨采过程中底板最大主应力只有轻微的上浮，8#磷矿层在跨采过程中底板最大主应力有 4MPa 左右的上浮，跨巷后底板最大主应力逐渐减小到 10MPa 左右。

从图 7.9 可以看出，巷道顶底板及两帮中间主应力变化规律与最大主应力变化规律一致，巷道顶板及两帮中间主应力基本不受 2#、3#磷矿层跨采影响。

巷道顶底板及两帮中间主应力受 8#磷矿层跨采影响急剧减小，巷道顶板中间主应力从距离工作面 60m 开始应力逐渐降低，直至跨巷后 40m 逐渐趋向稳定。

停采磷矿柱左侧工作面开采巷道顶底板及两帮中间主应力基本不变动。

从图 7.10 可以看出，巷道顶底板及两帮最小主应力受 2#、3#磷矿层跨采影响

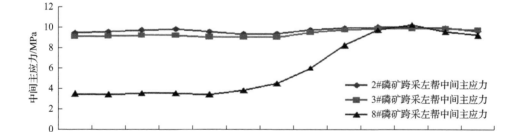

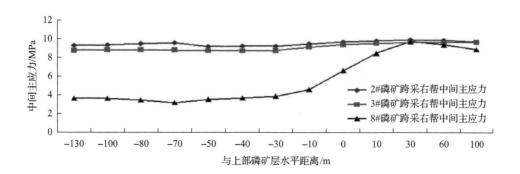

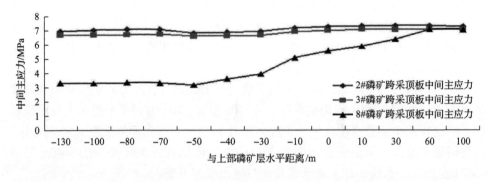

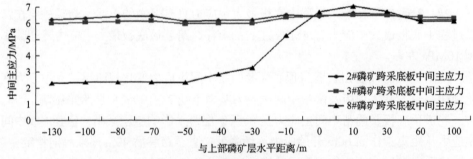

图 7.9　巷道受跨采影响中间主应力变化

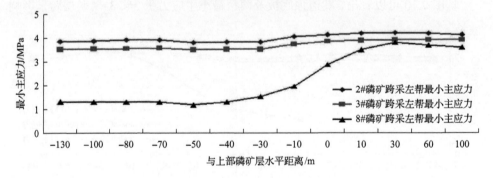

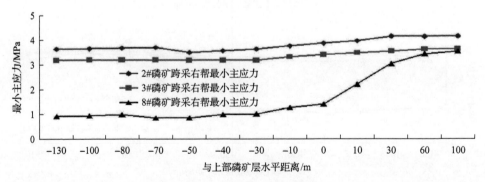

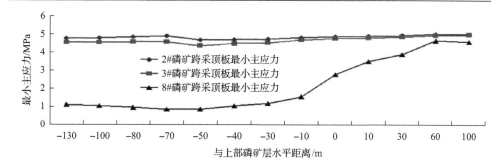

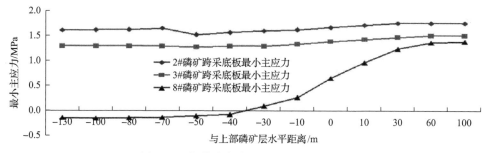

图 7.10 巷道受跨采影响最小主应力变化

非常小,受 8#磷矿层跨采影响巷道顶底板及两帮最小主应力逐渐减小,巷道右帮、顶底板最小主应力从距离工作面 60m 开始应力逐渐降低,直至跨巷后 40m 逐渐趋向稳定。

根据上述分析,得出重复采动影响下巷道底板围岩应力分布规律如下。

(1)2#磷矿层回采工作面跨采对巷道围岩稳定性基本不会产生影响;3#磷矿层回采工作面跨采对巷道围岩稳定性影响不明显。

(2)受 8#磷矿层跨采影响,巷道顶底板及两帮主应力在距离工作面 $-40m < x < 60m$ 间呈逐渐减小趋势,说明 8#磷矿层跨采对巷道围岩稳定性影响大。

(3)各磷矿层停采磷矿柱左侧工作面开采对巷道围岩稳定性基本不会产生影响。

7.2.4 重复采动下巷道围岩屈服区分布

由图 7.11 可知,巷道屈服区受开挖的影响很大,巷道开挖后在顶底板及两帮形成了局部范围的屈服区,其中顶板屈服区范围为 1.03m,底板为 0.46m,左帮为 0.92m,右帮为 0.92m。

巷道随着磷矿层群动压影响,在跨采过程中,巷道两帮产生屈服性变形,屈服区范围逐渐增大,因变形收缩承受压力渐渐向巷道顶底板扩展,形成一个屈服圈。当应力向拱顶和底板传播,拱顶和底板部分的屈服区向岩体深部扩展,导致两帮塑性区变化较小，8#磷矿层跨采后拱顶屈服区范围已大于锚杆支护范围，特别是两肩部位屈服范围较大，最大达 2.32m。

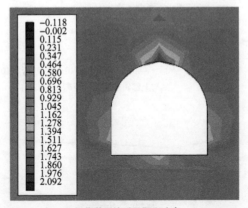

扫码见彩图

(a) 巷道开挖后屈服区分布

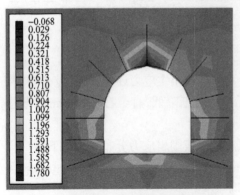

(b) 2#磷矿层停采磷矿柱右侧巷道屈服区分布

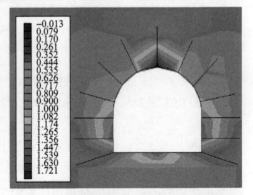

(c) 2#磷矿层停采磷矿柱左侧巷道屈服区分布

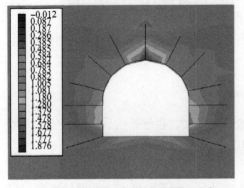

(d) 3#磷矿层停采磷矿柱右侧巷道屈服区分布

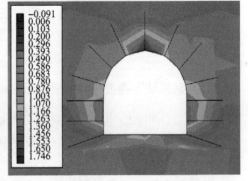

(e) 3#磷矿层停采磷矿柱左侧巷道屈服区分布

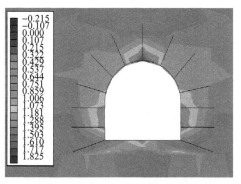 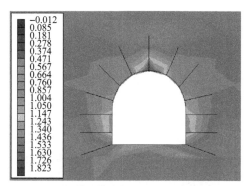

(f) 8#磷矿层停采磷矿柱右侧巷道屈服区分布　　(g) 8#磷矿层停采磷矿柱左侧巷道屈服区分布

图 7.11　巷道受跨采影响屈服区分布

随着各磷矿层依次开采，巷道屈服区范围在逐渐扩大，屈服区范围逐渐由两帮扩展至拱顶，最后在两拱肩处屈服区扩展范围最大。2#、3#磷矿层开采时右肩屈服区范围比左肩屈服区范围变化要大很多；当 8#磷矿层开采时，两肩屈服区范围相差不大，各磷矿层开采底板巷道围岩屈服区变化情况见表 7.3。可以看出，采动影响使得跨采巷道呈现出明显的过程特征。巷道屈服区变化规律与现场实测松动圈厚度基本一致。

表 7.3　三次跨采巷道围岩屈服区变化情况

采动情况	巷道围岩屈服区范围			
	顶板	底板	左帮	右帮
无采动	1.03	0.46	0.92	0.92
采动 1 次	1.27	0.52	1.00	1.00
采动 2 次	1.85	0.64	1.10	1.10
采动 3 次	2.32	1.39	1.13	1.13
平均	1.62	0.75	1.04	1.04

7.2.5　重复采动下围岩剪应力分布

由图 7.12 可知，2#磷矿层开采时巷道周围形成规则的"双耳"应力集中关键部位，这是巷道两帮剪坏的主要原因。3#磷矿层开采巷道围岩 τ_{xy} 应力开始不规则变形，应力集中程度降低。8#磷矿层开采道围岩 τ_{xy} 应力不规则变形严重，应力集中程度大大降低。

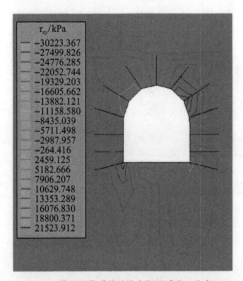

(a) 2#磷矿层停采磷矿柱右侧开采完τ_{xy}分布

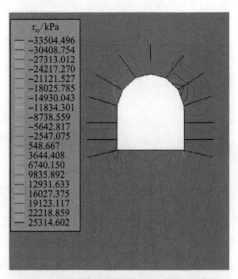

(b) 2#磷矿层停采磷矿柱左侧开采完τ_{xy}分布

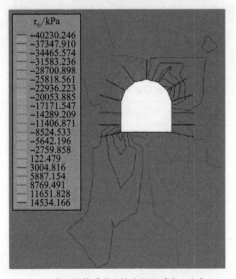

(c) 3#磷矿层停采磷矿柱右侧开采完τ_{xy}分布

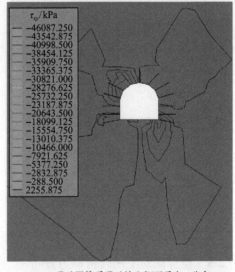

(d) 3#磷矿层停采磷矿柱左侧开采完τ_{xy}分布

扫码见彩图

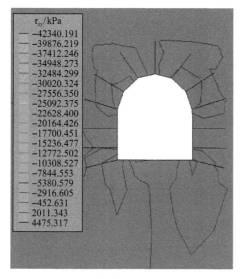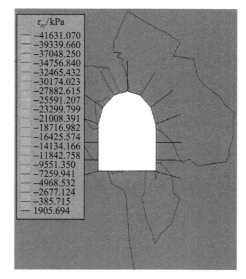

(e) 8#磷矿层停采磷矿柱右侧开采完τ_{xy}分布　　　　(f) 8#磷矿层停采磷矿柱左侧开采完τ_{xy}分布

图 7.12　巷道受跨采影响剪应力 τ_{xy} 分布（单位：kPa）

7.3　巷道受工作面垂直距离的影响

　　根据支承压力在底板中的传播规律，随着底板岩层与磷矿层垂距的加大，底板中垂直应力将越来越小。同理，在其他条件不变的情况下，巷道距离磷矿层底板越远，其受磷矿柱上方支承压力的影响越小，巷道将更加稳定。

　　从图 7.4 可以看出，2#磷矿层跨采对巷道顶板及两帮影响微小，即距底板上山垂距 61m 工作面跨采对底板巷道围岩影响微小。距底板上山 48m 的 3#磷矿层跨采，巷道顶板及两帮围岩位移逐渐向上挤压和向巷道内移，底鼓量在 78～92mm。由于 8#磷矿层开采，沿走向在与回采工作面垂距为 35m、30m、25m、5m、2m 深度范围内，底板岩层受采动影响比较强烈，垂距 45m 以下巷道围岩不受采动影响，即沿走向 8#磷矿层与底板巷道的垂距 35m 以上范围底板巷道受动压影响明显；沿倾向方向在与回采工作面法向距离为 45m、35m、30m、25m、5m、2m 深度范围内，底板岩层受采动影响比较强烈，垂距 65m 以下巷道围岩不受采动影响，即沿倾斜方向 8#磷矿层与底板巷道的垂距 45m 以上范围底板巷道受动压影响明显；由此，底板上山位于 8#磷矿层下方 30m 深度，其不管在走向上还是倾向上都受 8#磷矿层回采工作面支承压力影响。

　　综上所述，上山与 8#磷矿层垂距 30m 不合理，应在垂距 45m 以下布置上山较为合理。

7.4　巷道受工作面水平距离的影响

巷道与磷矿体边缘水平距离是巷道稳定性的重要因素。一般巷道在采空区方向深入采空区下方距磷矿体边缘越远所受支承压力影响越小。由图 7.13 可以确定，巷道至磷矿层底板的合理垂距 Z 和磷矿体边缘的合理水平距离 S 的关系：

$$S \geqslant Z \tan \beta \tag{7.1}$$

式中，β 为磷矿体影响角，其范围为 25°～55°，通常支承压力越大和磷矿柱尺寸越小，β 就越大。

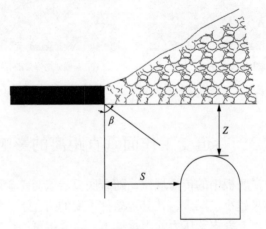

图 7.13　底板巷道至磷矿体边缘水平距离

从图 7.8～图 7.10、图 7.12 可以看出，8#磷矿层跨采过程中，距工作面水平距离 100m、60m、30m、10m、0m、−10m、−30m、−40m、−50m、−70m、−90m、−130m 时底板上山围岩应力变化情况。跨采前巷道顶底板及两帮应力较为集中，应力值较大，随着跨采工作面逐渐靠近上山，跨采后底板上山围岩应力明显降低，应力集中程度大大减小。根据巷道与上部工作面水平距离的动态变化情况，可以得出如下规律。

（1）在 8#磷矿层跨采工作面距底板上山水平距离 $x > 60\text{m}$ 时，底板上山位于 8#磷矿层工作面前方应力增高区及停采磷矿柱应力增高区之间的应力降低区内，所以底板上山不受 8#磷矿层回采的影响。

（2）随着跨采工作面逐渐推进，在 $0\text{m} < x \leqslant 60\text{m}$ 阶段，回采工作面超前支承压力对底板上山影响逐渐加强，在采动应力叠加作用下，上山围岩变形较大，巷道右帮围岩变形量大于左帮围岩变形量。

(3)在跨采工作面跨过底板上山后，在$-40m<x≤0m$阶段，底板上山位于采空区下方应力降低区，底板上山围岩应力大幅度减小，因8#磷矿层回采后应力释放，巷道围岩整体向采空区位移。在$x>-40m$阶段，底板上山围岩位移及应力都趋于稳定。在8#磷矿层跨采过程中巷道顶板塑性屈服区范围扩大，导致岩体挤压破碎，8#磷矿层跨采过程中巷道围岩变形以顶板屈服变形破坏为主。

(4)开采停采磷矿柱左侧磷矿层，即$-130m<x≤-70m$，由于底板巷道已处于采空区底板降压区内，底板上山围岩位移及应力都趋于稳定。因此，认为8#磷矿层停采磷矿柱左侧开采时，底板上山已不受影响，巷道趋于稳定状态。

综上所述，上山与8#磷矿层跨上山回采停采磷矿柱水平距离30m不合理，应在水平距离40m以上布置上山较为合理。

7.5 本章小结

(1)影响支承压力大小的主要因素有：开采深度、磷矿岩性质、采空区残留空间、相邻工作面回采、近距离磷矿层回采等。

(2)采用2#、3#、8#磷矿层停采磷矿柱分别为10m、20m、20m的内错式布置方案比较合理，在8#磷矿层磷矿柱下方底板岩层影响范围为35m。

(3)巷道在掘进及2#磷矿层采动影响期顶板及两帮变形微小；3#磷矿层采动影响期出现顶板下沉、两帮内移、底鼓；8#磷矿层采动影响期两帮移近量较大，导致底鼓严重，顶板破坏严重。研究表明，2#磷矿层跨采对底板上山围岩变形基本无影响，3#磷矿层跨采对巷道围岩变形影响不明显；8#磷矿层跨采过程中巷道围岩变形严重，8#磷矿层停采磷矿柱左侧开采对巷道围岩稳定性基本不会产生影响。从巷道围岩变形来看，按现有支护设计不能有效抵抗巷道围岩变形。

(4)底板上山的稳定性受上部8#磷矿层跨采过程中超前支承压力的影响，其支承压力对底板上山的影响呈现动态过程，8#磷矿层开采，沿走向在回采工作面下方垂距35m受采动影响明显。底板上山的稳定性受上部8#磷矿层倾向采空区两侧支承压力对底板上山的静态长时载荷影响，沿倾斜方向在回采工作面下方垂距45m受采动影响明显。研究表明，底板巷道距上部磷矿层合理垂距应在45m以下。

(5)在8#磷矿层跨采工作面距底板上山水平距离$x>60m$时，底板上山基本不受上部磷矿层回采的影响；在$0m<x≤60m$阶段，超前支承压力对底板巷道影响逐渐加强，在采动应力叠加作用下，顶底板及两帮变形较大；$-40m<x<0m$阶段，底板上山位于采空区下方应力降低区，底板上山围岩应力大幅度减小，因8#磷矿层回采后应力释放，巷道围岩整体向采空区位移；$-130m<x≤-70m$即开采停采磷矿柱左侧时，由于底板巷道已处于采空区底板降压区内，底板上山已不受影响。研究表明，底板上山距上部8#磷矿层停采磷矿柱合理水平距离应在40m以上。

8 深部磷矿软岩巷道围岩控制理论及方法

根据巷道围岩控制原理及支护原则，选择合理的巷道位置、支护方式是有效控制围岩稳定性的重要手段。对于高应力、软岩、超大松动圈巷道提出了锚杆锚索形成的"双拱"群锚效应支护手段，即巷道浅部围岩采用锚杆锚固，深部围岩采用锚索锚固，锚杆与围岩形成组合拱，锚索与围岩形成加强拱，即"双拱"，组合拱的外边缘与加固拱的内边缘相连接，将松动圈的边界置于加固拱厚度的中部，这样由预应力锚杆锚索形成的"双拱"既可加固松动圈内的破裂岩体又可改变松动圈边界处岩石的受力状态，使其承受三向压应力的作用，从而提高岩石强度，阻止松动圈进一步向深部发展，松动圈的厚度稳定后，软岩巷道围岩的变形就稳定下来了[198-200]。

8.1 围岩控制理论

8.1.1 巷道围岩控制原理

文献[201]指出，巷道围岩控制是指控制巷道围岩的矿山压力和周边位移所采取的措施的总和。其基本原理是围绕降低巷道围岩应力，增加巷道围岩强度，改善巷道围岩受力条件及赋存环境，有效地控制围岩的变形、破坏[202]，从而选择合适的巷道布置和保护及支护方式。

绝对限制松动圈巷道围岩表面位移是不可能的，也是不经济的。巷道围岩变形控制原理只能是既允许围岩有一定变形，释放压力，又控制其过大变形，保持巷道在不影响正常使用的前提下稳固，以防止冒顶和片帮。

锚喷网一次支护主要是提高围岩松动圈内破裂岩石的残余强度，提高围岩的自承能力，以保证巷道在安全条件下允许围岩在高阻控制下释放变形压力，以适应其碎胀变形力学机制。为保证巷道较长时间的稳定和服务期间的安全，在围岩变形稳定后必须进行二次支护，给巷道提供最终支护强度和刚度，并起到安全储备作用。即通过注浆或锚杆提高围岩自身强度，然后利用锚索充分调动深部外结构围岩的强度来提高内结构的支护强度，阻止围岩蠕变。

从巷道围岩控制的角度出发，布置底板软岩巷道时应以下原则为准。

(1)将巷道布置在磷矿层开采后所形成的应力降低区域内。

(2)尽量避免支承压力叠加的强烈作用，或尽量缩短支承压力影响时间。

(3)选择稳定的岩层布置巷道，尽量避免水与松软膨胀岩层直接接触。

（4）选择合理的磷矿柱宽度。

巷道的保护及支护措施可以归纳为以下几点。

（1）降低围岩应力方法：钻孔卸压、切槽卸压、宽面掘巷卸压以及在巷旁留专门的卸压空间等[203]。

（2）提高围岩强度，优化围岩受力条件和赋存环境：钻孔注浆、锚杆支护、锚索支护、巷道周边喷浆、支架壁后充填、围岩疏干封闭等方法。

（3）限制塑性变形区和破裂区的发展：巷内基本支架支护、巷内加强支架支护、巷旁支护、联合支护四种形式[204]。

8.1.2　软岩巷道支护原则

（1）支护与围岩共同作用原则：支护阻力在一定程度上能有效控制围岩塑性区的再发展和围岩的持续变形，促进围岩形成自稳和承载结构。

（2）为充分发挥巷道围岩的支承能力，允许巷道围岩产生一定量的位移和变形。根据软岩巷道围岩特性及工程特点，给予充分的时间使软岩最大限度地发挥塑性区承载能力而又不松动破坏，是实现软岩巷道控制的关键[205]。

（3）过程原则：有效地把软岩巷道从"复合型"向"单一型"转化，是软岩巷道稳定性控制的有效手段。

（4）塑性圈原则：软岩巷道支护允许塑性圈出现，力求有控制地产生一个合理厚度的塑性圈，大幅度地降低围岩变形能，减小应力集中程度，改善围岩承载状态。

8.1.3　现有上山在布置、支护方面存在的问题

通过前面分析，现有上山在布置、支护方面存在如下问题。

（1）上山布置于砂质泥岩中，岩体松软破碎且遇水易软化膨胀，导致围岩松动圈的范围扩张较大，超出了锚杆有效支护范围，锚杆支护失效。

（2）上山布置与上部磷矿层停采磷矿柱的水平距离、与上部磷矿层的垂距不合理。

（3）现有支护结构不能承载 8#磷矿层跨采影响下的上山围岩变形，易造成支护结构整体失稳。

（4）无控底措施。

8.2　预应力锚杆锚索支护"双拱"理论

8.2.1　锚杆组合拱理论

单根锚杆可在岩体内形成以锚杆两端为顶点的压缩区，在锚杆锚固力的作用下，松散地层中会产生一个锥形压密区，如图 8.1 所示，压密区内岩层的密实度

和强度都有所提高。

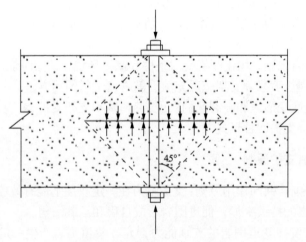

图 8.1　单根锚杆的锚固作用

　　锚杆组合拱理论认为：在拱形巷道围岩中安装预应力锚杆，在单根锚杆作用下每根锚杆因受拉应力而对围岩产生挤压，在杆体两端形成圆锥形分布的压应力区，合理的锚杆群间距可使单根锚杆形成的压应力圆锥体彼此交错联系起来，在岩体中形成一个均匀厚度的压缩带[206]，即组合拱，如图 8.2 所示。由于在组合拱内巷道径向及切向均受压，由原来的二向受压转变为三向受压状态，组合拱承受着其上部破碎岩石施加的径向载荷，使得巷道围岩强度提高，支撑能力也相应加大。

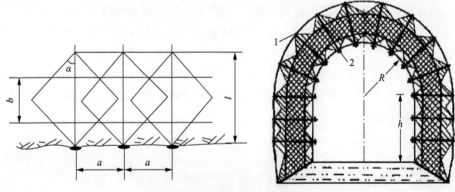

图 8.2　群体锚杆支护机理
1-锚头；2-拧紧部

组合拱厚度为

$$b = \frac{l \tan \alpha - a}{\tan \alpha} \tag{8.1}$$

式中，b 为组合拱的厚度，m；l 为锚杆的有效长度，m；α 为锚杆对破裂岩体压应力的作用角，一般 α 接近 45°；a 为锚杆的间排距，m。

可见，减小锚杆间排距、加大锚杆长度可以增大组合拱的厚度，使围岩更加稳定。

1）锚杆间排距确定

锚杆按等距排列，则 $S_b = S_c = S_l$，S_c 为锚杆间距，S_l 为锚杆排距。根据每根锚杆所承担的支护载荷，则锚杆的间排距为

$$S_b = \left(\frac{[\sigma_b]}{P} \right)^{\frac{1}{2}} \tag{8.2}$$

式中，S_b 为等距排列时锚杆间排距，m；$[\sigma_b]$ 为单根锚杆的极限破断力，kN；P 为巷道各部位支护载荷，kN/m^2，其计算原理如下。

假定在最佳时间实施支护，塑性硬化圈已经稳定，可以自稳，求解支护载荷时不考虑塑性硬化圈产生的载荷，要计算的支护载荷主要是由塑性软化圈和塑性流动圈围岩的重力作用引起；不考虑各区之间的相互作用力；塑性软化区和塑性流动区承载能力忽略不计。直墙半圆拱巷道支护荷载计算分区如图 8.3 所示，其中，点 A、B、C、D、a、b、c、d、e、f、g、h、i 和 j 是各曲线交点。

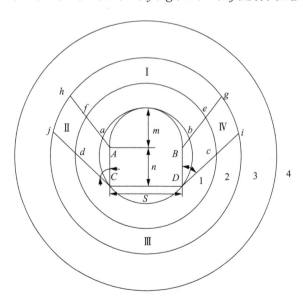

图 8.3　直墙半圆拱巷道支护荷载计算分区

1-塑性流动区；2-塑性软化区；3-塑性硬化区；4-弹性区；Ⅰ-围岩载荷作用于巷道顶板；
Ⅱ、Ⅳ-围岩作用于巷道两帮；Ⅲ-围岩作用于巷道底板

2) 静压条件下顶板支护载荷

顶板支护载荷 P_{sr} 为

$$P_{\text{sr}} = k \cdot P_{\text{roof}} / L_{\widehat{AB}} \tag{8.3}$$

作用于直墙半圆拱巷道顶板的支护力 P_{roof} 为

$$
\begin{aligned}
P_{\text{roof}} &= W_{\text{ABef}} + W_{\text{fegh}} \\
&= \left\{ s \left[L_p - \frac{\left(\dfrac{s}{2}\right)^2 + (m+n)^2}{2(m+n)} + \frac{m}{2} \right] - \left(\pi - 2\arctan\frac{s}{2m} \right) \left[\frac{\left(\dfrac{s}{2}\right)^2 + m^2}{2m} \right]^2 \right. \\
&\quad \left. + \frac{1}{2} \left[L_p - \frac{\left(\dfrac{s}{2}\right)^2 + (m+n)^2}{2(m+n)} + m \right]^2 \sin 2\beta \right\} \gamma
\end{aligned} \tag{8.4}
$$

巷道顶板承载长度 $L_{\widehat{AB}}$ 为

$$L_{\widehat{AB}} = \left(\pi - 2\arctan\frac{s}{2m} \right) \frac{\left(\dfrac{s}{2}\right)^2 + m^2}{2m} \tag{8.5}$$

其中：

$$L_p = s \left[\frac{(2p_0 - \sigma_c)\sin\varphi_0 + 2c\sqrt{K_p}}{(K_p - 1)p_i + 2c\sqrt{K_p}} \right]^{\frac{1}{K_p - 1}} \tag{8.6}$$

$$K_p = \frac{1 + \sin\varphi_0}{1 - \sin\varphi_0} \tag{8.7}$$

$$p_i = p_0 - \sigma_{cs} \tag{8.8}$$

式中，W 为相应块体的重力；s 为巷道宽度，m；m 为直墙圆拱形巷道拱高，m；n 为直墙圆拱形巷道墙高，m；γ 为计算范围内上覆岩层平均体积质量，kN/m³；k 为支护安全系数，取值范围为 1.05～2.0；L_p 为塑性软化区范围，m；σ_c 为岩石强度，MPa；c 为岩石内聚力，MPa；φ_0 为岩石峰值内摩擦角，(°)；p_0 为巷道围岩应力，kN/m^2；p_i 为使围岩不出现塑性软化的最小支护力，kN/m^2；σ_{cs} 为巷道围岩的软化临界载荷，kN/m^2。

3）静压条件下帮部载荷

以左帮为例，下帮部支护载荷 P_{sw} 为

$$P_{sw} = k \cdot P_{wall} / L_{\widehat{AC}} \tag{8.9}$$

作用于直墙半圆拱巷道左帮的支护力 P_{wall} 为

$$
\begin{aligned}
P_{wall} &= (W_{hjdf} + W_{fdCA})\sin\beta \cdot \cos\beta \\
&= \left\{ \frac{1}{2}\left[L_p - \frac{\left(\frac{s}{2}\right)^2 + (m+n)^2}{m+n} + m \right] + \frac{n}{4} \right\} n \cdot \sin 2\beta \cdot \gamma
\end{aligned}
\tag{8.10}
$$

式中，β 为围岩中任一点剪切破坏面与最大应力方向的夹角，$\beta = 45° - \dfrac{\varphi}{2}$，$\varphi$ 为巷道围岩内摩擦角，(°)。

巷道左帮承载长度 $L_{\widehat{AC}}$ 为

$$L_{\widehat{AC}} = n \tag{8.11}$$

4）动压巷道支护载荷

巷道顶板支护载荷 P_{sr} 为

$$P_{sr} = \left\{ \left[s + (m + m_z)\tan\beta \right](m + m_z) - sm \right\}\gamma \tag{8.12}$$

塑性软化区范围 L_p 为

$$L_p = \frac{3\gamma H C_E z}{4E y_0} \tag{8.13}$$

式中，H 为巷道埋深，m；m_z 为动压软岩巷道上区段采场直接顶厚度，m；C_E 为上区段工作面老顶来压步距平均值，m；z 为上区段工作面磷矿层厚度，m；E 为磷矿体弹性模量，kN/m^2；y_0 为磷矿壁边缘的压缩量，m。

帮部（左帮）载荷 P_{sw} 为

$$P_{sw} = \frac{1}{2}\left[2m_z + 2m + n\right]n \cdot \tan\beta \cdot \gamma \tag{8.14}$$

锚杆长度为

$$L_b = l_{b1} + l_{b2} + l_{b3} \tag{8.15}$$

式中，L_b 为锚杆长度，m；l_{b1} 为锚杆外露长度（一般取 0.1～0.15），m；l_{b2} 为锚杆有效长度，m；l_{b3} 为锚杆锚固长度（一般取 0.3～0.4），m。

其中，锚杆有效长度 l_{b2} 如下。

静压直强半圆拱巷道：

顶：

$$l_{b2} = L_p - \frac{a^2 / 4 + (c+d)^2}{c+d} \tag{8.16}$$

帮：

$$l_{b2} = L_p - a / 2 \tag{8.17}$$

动压巷道：

$$l_{b2} = 0.5a\left(\frac{k_1 P_{sr}}{\sigma_t}\right)^{\frac{1}{2}} \tag{8.18}$$

式中，a 为巷道宽度，m；c 为直墙半圆拱巷道墙高，m；d 为直墙半圆拱巷道拱高，m；L_p 为塑性软化区范围，m，一般情况下采深<200m 时，L_p=0～2m，采深在 200～400m 时，L_p=2～5m，采深>400m 时，L_p=5～8m；k_1 为抗拉安全系数，取 3～5；σ_t 为各岩层平均抗拉强度，kN/m^2；P_{sr} 为动压软岩巷道顶板支护载荷，kN/m^2。

5) 群体锚杆支护作用机理及支护参数的确定

巷道围岩失稳的根本原因是围岩强度低于围岩应力，围岩发生破裂，出现围岩松动圈。由于围岩松动圈大小不同，根据围岩碎胀变形量要求锚杆提供的支护力不同，锚杆支护作用机理亦不同。由此，群体锚杆组合拱支护作用机理应结合松动圈的围岩状态来阐述。根据松动圈厚度（表 8.1），选取合理的组合拱厚度和锚杆间排距。

表 8.1　组合拱厚度、锚杆间排距选取参数

松动圈厚度/cm	组合拱厚度/m	锚杆间排距/m	变形余量/mm
150～200	1.0～1.1	0.6～0.7	100～150
200～250	1.1～1.2	0.5～0.6	150～200
250～300	1.2～1.4	0.5～0.55	200～350
300 及以上	1.4～1.5	0.45～0.5	300～500

翟新献、宋宏伟、李常文、弓宏飞和潘睿等[207-211]就锚杆组合拱的承载能力、支护载荷、组合拱合理厚度和合理锚杆长度与间排距等问题进行了探讨，认为锚杆组合拱具有整体移动、收缩变形、释放外部围岩压力的特征，锚杆组合的两个重要性质为具有较大的可缩性和组合拱间的岩石强度接近原非破坏岩石的强度。利用锚杆组合拱具有提高巷道围岩承载能力的支护理论应用到矿井软岩巷道合理支护当中。研究表明，锚杆组合拱理论是优化软岩巷道支护参数行之有效的方法。

8.2.2　预应力锚索加固拱理论

预应力锚索是通过树脂药卷与内锚固段孔壁胶结在一起，然后用拉力设备给锚索施加预应力，利用内锚固段树脂药卷与孔壁周围岩体的摩擦力和胶结力将锚索的应力传递到深部稳定岩体中，施加张拉力以加固岩土体使其达到稳定状态或改善内部应力状况。它是一种主要承受拉力的杆状构造，其最大特点是可施加较大的预应力，并能充分利用岩土体自身强度和自承能力，减轻结构自重，节省工程材料，是高效和经济的加固技术[212]。

预应力锚索具有柔性可调、深层加固、主动加固、施工快捷灵活的特点[213]。

预应力锚索除了具有与锚杆相同的悬吊作用、组合梁作用、组合拱作用外，还具有以下作用。

(1)改善围岩开掘后的受力状态，阻止围岩松动圈向深部发展。

(2)具有承剪阻滑作用，即对软弱围岩的增强效应。

(3)通过锚索群的"岩壳效应"，对围岩施加"环向约束"。

(4)具有增强节理岩体的裂隙前缘岩土断裂韧度的作用，阻止裂隙进一步扩展与贯通。

预应力锚索加固拱是在锚索锚固入岩体后，锚索与锚固段将形成一个 45°的压力锥体，在锥体范围内岩体相互挤压，把锚索与其周围的岩体连成一个整体，形成一个均匀的挤压带，当使用间排距适当的群锚加固时，压力锥体包相互叠加，形成岩体内承载圈加固带，如图 8.4 所示，称此为预应力锚索加固拱。此加固拱

可以改变内部岩体的应力状态，阻止岩体变形破坏，提高岩体不稳定部分的整体性与稳定性。

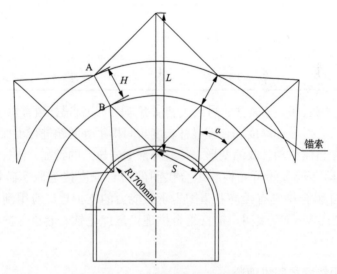

图 8.4　锚索加固拱群锚效应

近年来，预应力锚固技术广泛应用于岩土工程领域。在岩土工程中，预应力锚固技术主要起到发挥岩土体自身承载能力，调节和提高岩土自身强度和自稳能力，增强施工安全性，有效控制岩土体变形。

丁秀丽等[214]得出多根预应力锚索在岩体内形成的连续分布压缩带,其分布形态与锚索布置方式、间排距、锚索数目及锚索预应力大小有关。

唐树名等[215]通过室内模型试验研究了预应力群锚锚固均质岩体边坡,研究表明，预应力群锚边坡均质岩体强度与锚索布置间距相关。

朱杰兵等[216]试验研究得出施加预应力锚索后，在预应力锚索作用点周边形成了一个锥形受压区，该区内岩体从近似 0 应力状态转变为压应力状态，在群锚作用下形成的压应力区重叠连接成片，组成了"岩石承载墙"，使边坡稳定性得到了明显改善。

朱维申和任伟中[217]通过相似模型试验，研究表明，在特定试验条件下，锚固节理岩体的抗压强度、弹性模量、扩容起始应力和残余强度等力学参数，随着锚索锚固密度的增大而增加，比无锚时有大幅度提高，而泊松比则比无锚时减少很多。

岩土工程预应力锚索群锚研究可以概括为以下三个方面[218]。

(1)锚固效应：锚固的物理效应，岩土锚固的力学效应，锚固结构效应分析[219]。

(2)加固作用：提高岩体的整体稳定性，增刚、止裂和增韧[220]。

(3) 设计方法：通过室内试验和数值计算，得到锚索的布置方式、间排距、长度及倾角等参数[221]。

对于巷道围岩松动圈厚度较大的部位，仅仅采用锚杆支护已不足以维持围岩稳定性。因此，必须采用锚索进行二次加固，锚索支护适用于各类大松动圈巷道支护，把下部大松动圈范围内群体锚杆形成的组合拱及组合拱之外不稳定岩层悬吊于上部稳定岩层。在锚索加固设计中，应充分考虑锚索的群锚效应，并结合松动圈的厚度来设计锚索支护参数，从而控制松动圈厚度的增大。

1) 锚索加固拱厚度

根据锚杆组合拱计算原理，锚索加固拱厚度为

$$H = \frac{L\tan\alpha - S}{\tan\alpha} \tag{8.19}$$

式中，L 为锚索有效长度，m；S 为锚索间排距，m；H 为锚索加强拱厚度，m；α 为锚索(杆)对破裂岩体压应力的作用角，一般 α 接近 45°。

2) 锚索长度

预应力锚索一般由锚固段、有效段和外露端三部分组成。
锚索总长度为

$$L = L_1 + L_2 + L_3 \tag{8.20}$$

式中，L_1 为锚索的锚固段长度，常取 1～2m；L_2 为锚索的有效段长度，m；对于静压软岩巷道 $L_2 = \max\left\{1.5a, \sum_{i=1}^{n} h_i\right\}$，其中，$a$ 为巷道宽度，m，h_i 为稳定岩层下各层厚度，m，i 为稳定岩层数；对于动压软岩巷道 $L_2 = \max\left\{3a, \sum_{i=1}^{n} h_i\right\}$；$L_2/a > 3$ 时，有 $L_2 = 3a$。L_3 为锚索的外露长度，常取 0.3m。

3) 锚索间排距

$$S_a = \frac{3[\sigma_a]}{4a^2\gamma k} \tag{8.21}$$

式中，a 为巷道宽度，m；γ 为上覆岩层平均体积质量，kN/m³；$[\sigma_a]$ 为单根锚索的极限破断力，kN；k 为安全系数。

8.2.3 预应力锚杆锚索"双拱"理论

锚杆组合拱支护、锚索加固拱支护在磷矿软岩巷道支护技术中已广泛使用，但很少有文献研究围岩松动圈厚度与组合拱、加固拱厚度之间的关系。本节根据巷道围岩松动圈厚度来确定锚杆组合拱厚度、锚索加固拱厚度及支护相关参数，以此来控制采动对软岩巷道围岩稳定性的影响。

1) 松动圈厚度与组合拱、加固拱厚度之间的关系

根据前面的研究，松动圈厚度在 150～300cm 的围岩采用锚杆组合拱支护理论，以及依据表 8.1 中松动圈厚度来确定锚杆组合拱厚度及间排距，松动圈厚度与锚杆组合拱厚度有直接关系，松动圈厚度越大要求锚杆组合拱厚度相应增大。对于大松动圈围岩，锚杆长度往往达不到松动圈厚度，围岩松动破裂范围普遍大于锚杆长度，因锚杆较短形成的组合拱太薄，锚杆不能把破碎围岩锚固在稳定岩层中，因而锚杆支护的组合拱效应并不明显，而且组合拱的强度往往也不能保持围岩的稳定。因此，采用预应力锚索施加较高的预应力来对围岩施加外部应力和位移约束，提高围岩的侧向围压，从而提高松动圈内围岩的强度，以达到增加松动圈内破裂岩体抗破坏、抗变形的能力。

2) 预应力锚杆锚索"双拱"形成条件

预应力锚杆锚索"双拱"理论是指通过预应力锚杆和锚索使岩体相互挤压，形成两个彼此相连的挤压带，即组合拱外边界与加固拱内边界重合，阻止岩体变形与破坏，改变内部岩体的应力状态，从而提高岩体不稳定部分的整体性与稳定性。深部岩体采用锚索锚固，巷道周边浅部岩体采用锚杆锚固，从而锚杆形成组合拱，锚索形成加固拱的"双拱"支护理论。此加固拱的内缘与锚杆组合拱的外缘相连，而外缘在未受破坏的稳定岩体中，并将松动圈的边界置于加固拱的中部，这样可以改变内部岩体的应力状态，阻止松动圈边界的岩体进一步向深部变形破坏，使松动圈的厚度稳定下来，从而使巷道的变形量稳定下来。

为了达到理想的支护效果，假设围岩松动圈边界位于锚索加固拱中部位置，而组合拱与加固拱边界相连，如图 8.5 所示，则围岩松动圈厚度 R 与组合拱、加固拱厚度之间的关系为

$$R = \frac{L}{2} = \frac{H}{2} + h + \frac{l-h}{2} \tag{8.22}$$

式中，L 为锚索有效长度，m；H 为锚索加强拱厚度，m；h 为锚杆组合拱厚度，m；R 为松动圈厚度，m；l 为锚杆有效长度，m。

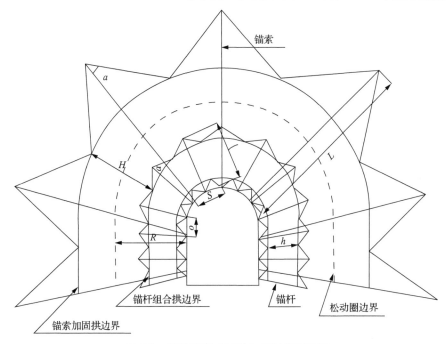

图 8.5 锚杆锚索"双拱"加固作用原理

8.3 受采动影响的软岩巷道支护设计

针对一采区回风上山受 1835 工作面跨采影响，在采动影响前对上山进行加固处理。

根据松动圈测试结果，松动圈平均厚度为 1.8m，属Ⅳ类大松动圈一般不稳定围岩，巷道已布置锚杆长度为 1.5m，间排距为 0.8m×0.8m。在已知松动圈厚度和锚杆长度的情况下，对巷道采用锚索进行二次加固，以确保 8#磷矿层跨采巷道围岩稳定。

锚杆有效长度为：$l_{有} = l - l_{外} - l_{锚} = 1.5 - 0.1 - 0.3 = 1.1\text{m}$。

锚杆组合拱厚度为：$h = \dfrac{l_{有} \tan\alpha - a}{\tan\alpha} = 1.1 - 0.8 = 0.3\text{m}$。

由式(8.22)可得

锚索有效长度：$L = 2R = 3.6\text{m}$。

锚索加固拱厚度：$H = L - h - l_{有} = 3.6 - 0.3 - 1.1 = 2.2\text{m}$。

锚索间排距：$S = L \tan\alpha - H \tan\alpha = 3.6 - 2.2 = 1.4\text{m}$。

锚索长度：$L_{总} = L_{外} + L_{有} + L_{锚} = 0.3 + 3.6 + 1.0 = 4.9\text{m}$。

根据上述计算结果，锚索选用直径 ϕ17.8mm，长度 5m，其拉断力为 361kN，锚固力为 200kN，锚索每 1.5m 一组锚固断面，巷道内拱部位布置 3 根锚索，两帮

各布置 1 根锚索，其中断面内拱部 3 根锚索(图 8.6)总受力为

$$P = l_1 \times l_2 \times L_p \times \gamma \tag{8.23}$$

式中，P 为 3 根锚索总受力；l_1 为巷道半圆拱顶长度，取 5.3m；l_2 为锚索断面间距，取 1.5m；L_p 为松动圈厚度，取 1.8m；γ 为岩石容重，取 27.5kN/m²。

则 $P=5.3 \times 1.5 \times 1.8 \times 27.5=393.5$kN。

3 根锚索的抗拉强度富余系数为 $K=361 \times 3/393.5=2.75$。

根据巷道围岩变形力学机制及支护力学过程分析[222-225]，确定具体支护设计参数如下。

(1)锚杆排间距 0.8m×0.8m，直径 ϕ16mm，长 1.5m，孔底端锚固段长≥0.3m，预应力≥3t，树脂药卷与锚孔按 Φ24mm 配套，其锚杆托盘尺寸为 150mm×150mm，厚 10mm。沿巷道断面一共布置 12 根锚杆。

(2)金属网采用 10#铁丝机制 50mm×50mm 的菱形网加帮顶钢带联合喷浆支护，其金属网搭接宽≥100mm，捆扎间距≤100mm，帮、顶钢带用 80mm×5mm 扁钢制做。

(3)格栅拱架采用钢筋砼支架，钢筋尺寸为 Φ20mm，且拱顶合拢，其格栅拱架间距 1.6m。

(4)喷 200#砂浆层厚度 100mm，其底板喷浆参数及工艺与帮顶一致。

(5)锚索的间排距 1.5m×1.5m，直径 Φ17.8mm，长度为 5.0m，采用树脂药卷锚固，预应力≥10t，锚固段长度 1.0m，每根锚索的预应力≥10t，其中黏结端锚固后的锚孔内剩余空间均注膨胀砂浆充填封闭(按抽放封孔的方法)，如图 8.6 所示，具体支护参数见表 8.2。

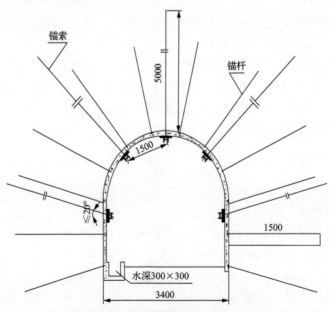

图 8.6　锚网索支护断面图(单位：mm)

表 8.2 巷道锚网索支护参数

支护材料	锚杆(索)/直径 mm	锚杆(索)长度/m	喷层厚度/mm	弹性模量 E/GPa	泊松比
锚杆	16	1.5		200	
喷层			100		0.18
锚索	17.8	5.0		190	
钢筋砼支架			80	150	0.18

由图 8.7 可以看出,无锚索支护时直墙半圆拱巷道周围形成"双耳"应力比较集中的关键部位,是巷道两帮剪坏的主要原因[226-228];在应力集中关键点上施加锚索后,如图 8.8 所示,剪应力明显向巷道深部围岩延伸、扩张,浅部围岩剪应力集中程度明显减小,且浅部应力值较不加锚索时要小很多,研究表明,锚索调动了深部岩体强度,控制了浅部岩体的稳定性。

从图 8.9 可以看出,无锚索支护时,拱顶应力集中程度较高且应力值较大,施加锚索后(图 8.10)应力值大幅度降低。在巷道围岩深部锚索顶端出现拉应力集中区,说明由于锚索的作用,巷道深部岩体也承担了浅部围岩的支护载荷,从而减小了巷道的变形量。同时,巷道开挖后,围岩强度由采空区向深部逐渐增大到原岩强度,通过锚索作用,调动了巷道深部围岩的强度,从而达到了巷道浅部围

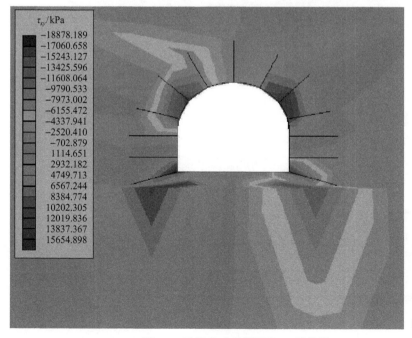

扫码见彩图

图 8.7 无锚索时巷道围岩 τ_{xy} 等值线

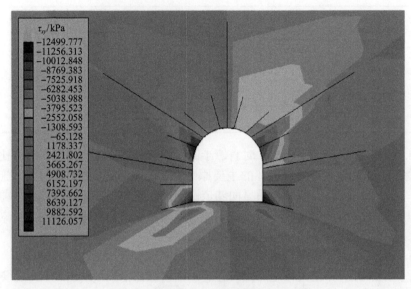

扫码见彩图

图 8.8　施加锚索时 τ_{xy} 等值线

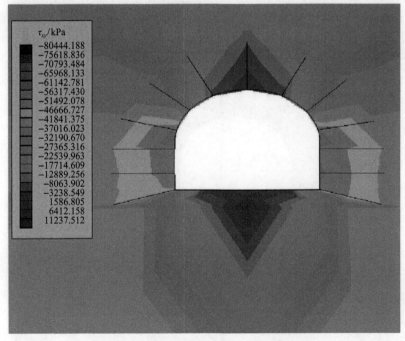

扫码见彩图

图 8.9　无锚索时 σ_y 应力分色图

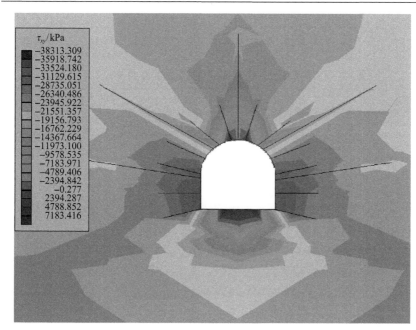

扫码见彩图

图 8.10　施加锚索时 σ_y 应力分色图

岩的支护效果。

施加锚索后巷道围岩能承受 8#磷矿层的采动影响而不发生较大变形。

从图 8.11 可以看出，施加锚索支护后，屈服区有向底板围岩扩展的趋势，巷道顶板围岩屈服区范围得到有效控制。

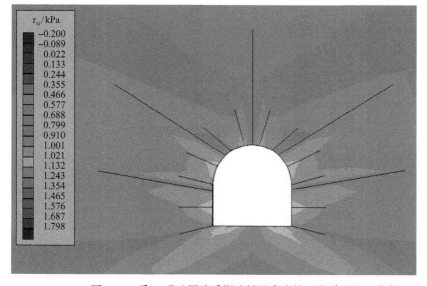

扫码见彩图

图 8.11　受 8#磷矿层跨采影响锚网索支护下巷道屈服区分布

由表 8.3 可知，8#磷矿层采动影响期采用锚网索支护后巷道围岩变形得到有效控制，巷道顶底板及两帮变形量在围岩变形允许范围内满足了矿井设计要求。

表 8.3 锚网索支护下受采动影响的巷道围岩变形

时期	顶板下沉量/mm	底鼓量/mm	两帮移近量/mm
8#磷矿层采动影响期	85.9	107.6	207.0

8.4 本 章 小 结

本章分析了锚杆组合拱支护理论、锚索加固拱支护理论，结合巷道围岩松动圈厚度与锚杆组合拱厚度、锚索加固拱厚度的关系，提出了预应力锚杆锚索"双拱"支护理论。在已知巷道围岩松动圈厚度和巷道锚网喷支护基础上进行预应力锚索二次加固，确定了预应力锚索加固拱厚度。数值计算结果表明，采用"双拱"支护能有效抵抗上部 8#磷矿层 1835 工作面跨采对上山围岩稳定性的影响。

9 现场工业试验

9.1 测区布置及测站安设

根据工程实际需要及研究跨上山回采巷道变形破坏的要求，对1835工作面跨一采区回风上山巷道断面收敛变形进行监测，监测断面布置如图 9.1 所示，进行为期 6 个月左右的观测，通过观测巷道围岩位移随跨采影响而变化的情况，获得可靠的巷道围岩表面位移数据，为巷道围岩控制技术提供可靠的依据。每个周对监测断面进行一次观测，4 个测点分别安设在巷道顶底板及两帮，如图 9.2 所示。

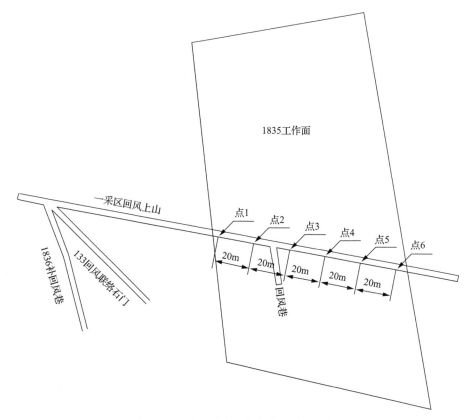

图 9.1 一采区回风上山巷道监测断面布置

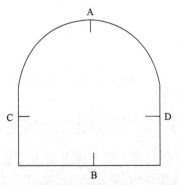

图 9.2　顶底板及两帮收敛测点布置方法

9.2　测　试　结　果

9.2.1　顶底板及两帮收敛分析

1）顶底板及两帮收敛量

从图 9.3 可以看出，在 8#磷矿层跨上山回采过程中，上山围岩变形大致分为三个阶段。

（1）不受采动影响期（观测前 40 天）：在观测前期上山与 8#磷矿层 1835 工作面水平距离大于 60m 以上，上山不受采动影响，上山各测站顶底板及两帮围岩移近量小幅度缓慢增长，且移近量均在 45mm 范围内。

（2）采动影响期（观测 41～120 天）：在此期间，随着上山与 8#磷矿层 1835 工作面水平距离减小，受采动应力叠加作用，上山围岩变形在观测 40 天到 110 天期间顶底板及两帮移近量增长幅度较大，顶底板移近量 167mm，两帮移近量 205mm。

（3）采动后（观测 120 天以后）：8#磷矿层 1835 工作面跨过上山，与上山水平距离–50m 后，上山围岩移近量趋向稳定，说明采取的支护形式和参数基本合理。

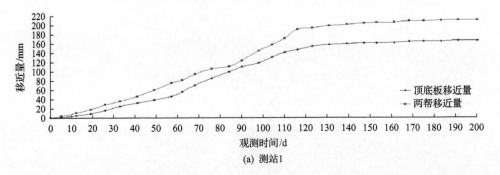

(a)　测站1

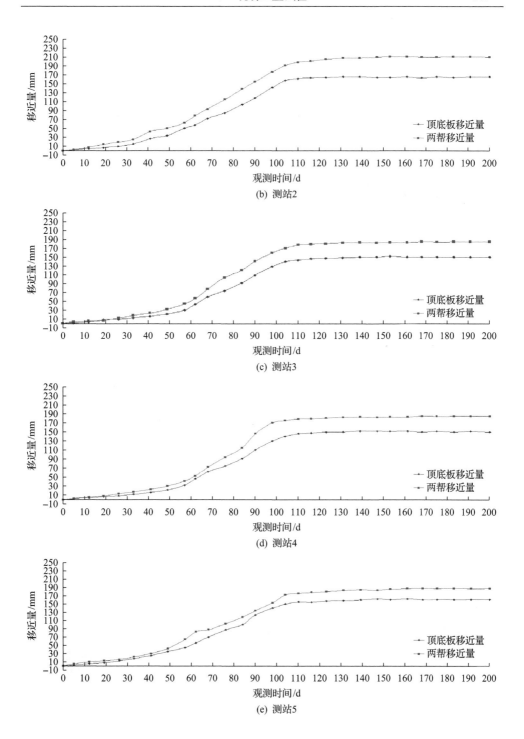

(b) 测站2

(c) 测站3

(d) 测站4

(e) 测站5

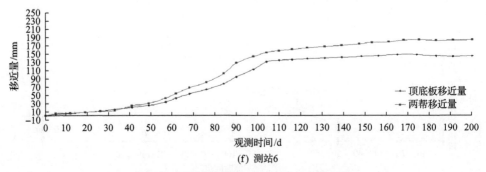

(f) 测站6

图 9.3　测站顶底板、两帮收敛量变化曲线

2) 顶底板及两帮收敛速度

从图 9.4 可以看出，6 个测站的顶底板及两帮收敛速度在观测 40 天内变化幅度较小：测站 1~6 顶底板变形速度在 0.143~1.5mm/d，两帮变形速度在 0.143~2.25mm/d 范围内变动。

41~120 天内各测站顶底板及两帮变形速度较大，在这期间顶底板最大变形速度达 3.833mm/d，两帮最大变形速度达 5.167mm/d。

观测 120 天后，上山顶底板及两帮变形速度非常小并趋向稳定，说明上山围岩变形已趋于稳定。

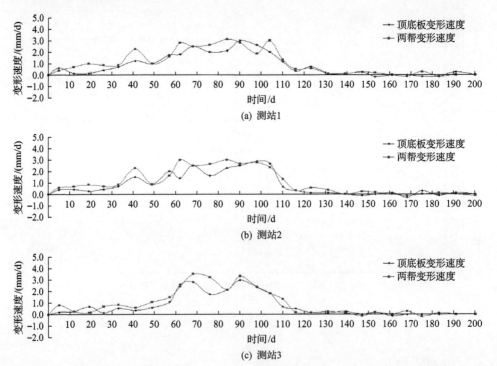

(a) 测站1

(b) 测站2

(c) 测站3

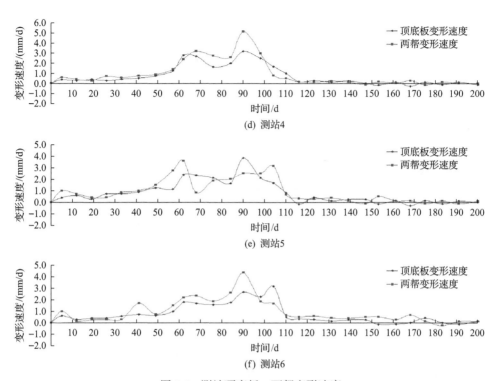

图 9.4　测站顶底板、两帮变形速度

从移近量及变形速度可以看出，观测初期巷道变形量及变形速率较小；观测中期巷道变形量较大，变形速度也较大；观测后期巷道变形量及变形速度均降低，围岩变形趋向稳定。

9.2.2　支护效果分析

通过现场调研及数值分析计算可知，采用锚网喷支护无法承受重复采动过程中松动圈逐渐扩大后的膨胀压力和松动圈内的自重应力，导致两帮变形破坏严重，巷道宽度由 3.4m 缩减至 1.7m。

通过打顶、帮锚索加强支护，改善了巷道围岩强度低、效果差、修护周期短的缺点，提高了围岩岩体的承载能力，提高了支护承载能力[229,230]。锚索加强支护后，支护强度大幅提升，能有效抵抗 8#磷矿层跨采影响的强烈破坏，支护效果较好，如图 9.5 所示，有效地抵抗了巷道收缩变形破坏，在施工 6 个月后，上山顶底板变形量控制在 170mm、两帮变形量控制在 210mm 内，说明锚网索支护很好控制了跨采影响下的围岩变形。

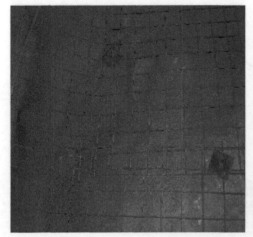

图 9.5　锚网索支护效果

9.3　本 章 小 结

本章通过对 8#磷矿层跨采期间巷道监测断面为期 6 个月左右的观测分析，获得了观测巷道围岩位移随跨采影响而变化的情况，对移近量及变形速度研究表明，观测初期巷道变形量较小，巷道变形速度小；观测中期巷道变形波动幅度较大，变形量较大，巷道变形速度较大，顶底板最大变形量为 170mm、两帮为 210mm，变形速度最大为 5.167mm/d；观测后期巷道变形量及变形速度均降低，围岩变形趋向稳定，说明锚网索支护能很好地控制采动影响底板软岩巷道围岩变形。

10　结论与展望

10.1　结　　论

本书以云南磷化集团尖山磷矿露天转地下开采为工程背景，通过地质调研及现场取样和室内物理力学试验（单轴压缩、巴西劈裂、三轴压缩）获得不同埋深边坡岩体岩石物理力学参数，通过预制不同含水率、不同裂隙长度和不同裂隙倾角岩样进行单轴压缩对比试验，并运用 PFC 数值模拟软件对不同含水率、不同裂隙分布、不同孔隙水压和不同加卸载方式下的岩样进行数值计算，分析强降雨入渗—采动卸荷耦合下高陡岩质边坡裂隙岩体的力学特性和裂隙扩展特征，为露天边坡开采和地下围岩支护提供必要的理论基础。此外，揭示了磷矿层群采场应力分布规律、磷矿层群跨采时底板高应力软岩巷道围岩变形及应力分布特征，为高应力软岩巷道围岩受动压影响稳定性控制提供理论基础为研究目的。综合应用室内试验、现场监测、理论分析与数值模拟手段，对缓斜近距离磷矿层群开采条件下支承压力分布规律以及在底板岩层中的传播规律、磷矿层群跨采对底板高应力软岩巷道围岩应力场的影响及相应的支护机理展开研究，取得的主要结论如下。

（1）随着含水率的增加，岩样均呈现出压密阶段增长，弹性阶段缩短，屈服阶段更为明显的规律。岩样含水率越高，脆性特征逐渐减小，峰后应力跌落的速率减缓，破坏模式依次表现为剪切破坏、拉伸—剪切组合破坏，次生裂隙均沿着预制裂隙两端向岩样上下两端扩展，并出现少量崩落区，含水率越高，裂纹产生数目越多，破坏形式更为复杂。

（2）岩样抗压强度与含水率、裂隙长度均呈负线性关系，与裂隙倾角呈负指数关系；岩样弹性模量与含水率、裂隙长度均呈负指数关系，与裂隙倾角呈正指数关系。通过对比分析含水率、裂隙长度、裂隙倾角拟合参数得到，含水率对岩样抗压强度和弹性模量的影响最大，其次为岩样预制裂隙长度，裂隙倾角对岩样抗压强度的影响最小。随着岩样含水率和预制裂隙长度的增加，岩样抗压强度和弹性模量降低；随着裂隙倾角的增加，岩样抗压强度和弹性模量增加。岩样无论裂隙倾角大小，均在预制裂隙两端产生翼型拉伸裂隙，以剪切破坏为主，岩样破坏后出现明显的剪切裂纹，其破坏区域及崩落区范围主要受裂隙倾角的影响；岩样裂隙倾角越小，上下两端翼型拉伸裂纹扩展贯通越明显，其整体破坏程度越大；但裂隙倾角越大，岩样预制裂隙附近破坏越剧烈，即局部破坏更大，局部的崩落区明显。

(3)不同埋深岩样，初始地应力越大，岩样峰值应变逐渐减小，岩体延性降低，更易发生脆性破坏，在进行地下开采深部开挖时，开挖面尚未卸荷完成，含裂隙的围岩及覆岩就可能发生破坏。卸荷完成后，开挖临空面加快裂隙岩体的破坏；峰值强度跌落到残余强度的过程中，初始地应力越大，跌落过程中的轴向应变 ε_1 越小，脆性特征随着开采深度的增加而更加明显。卸荷速率越快，对岩体轴向应变 ε_1 和横向应变 ε_3 影响越大，卸荷完成，出现应力跳跃点，横向应变增加速率变大，岩样在卸荷方向变形强烈，扩容现象非常显著，脆性破坏特征更为明显，且这种变形特征随着埋深增加和卸荷速率增大越明显。

(4)平行双裂隙岩样轴向裂隙压密现象更为明显，轴向位移更大。卸荷完成后的轴向加压阶段，平行双裂隙岩样和交叉双裂隙岩样应力-应变曲线均出现位移突跳和应力突然跌落现象，岩样内部裂隙扩展具有阶段性和突发性，因裂隙扩展和岩桥贯通方式不同，其突跳和跌落现象也不一致。加卸载条件下，预制裂隙尖端均出现较为对称的次生翼型拉裂隙，分别向岩样的左上角和右下角扩展，岩石整体表现为以拉伸破坏为主，剪切破坏为辅，在临近开挖卸荷面的一端裂隙扩展幅度更大，与预制裂隙中部出现的裂纹有贯通趋势，临近开挖卸荷面破坏更明显，最终预制裂隙及岩样两端产生的翼型拉裂隙从岩样中部贯通，岩样完全破坏，岩样失去承载能力。

(5)不同孔隙水压力条件下，岩样力学特性及变形特征随含水率变化趋势相同，随着孔隙水压力的增加，岩样抗压强度降低，峰值应变减小，弹性模量变化不明显。其破坏特征表现为孔隙水压力增大，岩样破坏更为剧烈，孔隙水压力加快了岩石破坏，孔隙水压力对岩石材料起到软化作用，并在微裂纹间产生应力集中和水楔劈裂效应，进而促进岩样裂纹的扩展。孔隙水压力与采动卸荷耦合条件下，岩石破坏进程加快，破坏形式整体表现为以拉伸破坏为主，剪切破坏为辅，在临近开挖卸荷面的一端裂隙扩展幅度更大，并与预制裂隙中部出现的裂纹有贯通趋势，最终预制裂隙和两端翼型拉裂隙相互贯通，岩样完全破坏。

(6)应用声发射凯塞效应测试岩体地应力的原理及方法，并根据测试数据应用弹性力学理论推导出地下岩体测点285运输联络巷、三采区+450m装车石门处的地应力值，为建立数值模型提供应力边界条件。对磷矿层群支承压力分布规律进行研究，得出如下规律：沿走向首采磷矿层工作面前方支承压力随工作面的推进以相同的应力波形不断向前传播，工作面前方应力峰值随着工作面的推进而逐渐增大。重复一次及重复二次开采过程中，工作面前方均形成了应力"双峰"曲线，其中工作面前方应力增高区应力小而集中，影响范围较小，第二个应力增高区宽而平缓，应力影响范围较大；沿倾斜方向在工作面采空区两侧形成了应力单峰曲线，其中采空区下侧磷矿体的应力集中系数小于工作面上侧磷矿体应力集中系数，但其应力集中程度略高，影响范围也略大。

(7)对磷矿层群底板应力分布规律进行研究,得出如下规律:回采工作面磷矿体下的 σ_y 等应力线呈泡形并斜向于工作面前方,采空区下方岩层的 σ_y 等应力线呈椭圆状,随着工作面推进,位于磷矿层底板的原岩应力区、应力增高区、应力降低区将不断向前移动,对下部磷矿层开采及巷道维护有直接影响。沿走向 8#磷矿层回采工作面前后支承压力在底板岩层中传播的动压影响范围为 35m;沿倾斜方向 8#磷矿层回采工作面采空区两侧支承压力在底板岩层中传播的静压影响范围为 45m。对跨上山回采合理停采磷矿柱位置及尺寸进行研究,表明采用 2#、3#、8#磷矿层停采磷矿柱分别为 10m、20m、20m 的内错式布置方案比较合理,在 8#磷矿层矿柱下方底板岩层影响范围为 35m,据此来设计底板巷道布置位置,可以避免或减轻磷矿柱支承压力对巷道围岩的破坏。

(8)分析了磷矿层群采动影响下软岩巷道围岩变形破坏特征与软岩巷道稳定性控制机理。底板上山围岩稳定性主要受上部 8#磷矿层跨采过程中工作面支承压力的影响。2#、3#磷矿层由于距离底板上山较远,其跨采对上山围岩稳定性影响小;底板上山在与 8#磷矿层跨上山停采磷矿柱水平距离 $-40m<x\leqslant60m$ 范围内受 8#磷矿层动压影响非常显著。各磷矿层停采矿柱左侧工作面开采对软岩巷道围岩稳定性基本不会产生影响。研究表明,底板上山应布置在与 8#磷矿层垂距 45m 以下、与 8#磷矿层停采矿柱水平距离 40m 以上最为合适。

(9)围绕软岩巷道围岩松动圈厚度与锚杆组合拱、锚索加固拱厚度之间的关系,建立了跨采动压软岩巷道预应力锚杆锚索"双拱"支护体系。根据软岩巷道围岩松动圈厚度来确定锚杆组合拱厚度、锚索加固拱厚度及支护相关参数,以此来控制采动影响对软岩巷道围岩的稳定。并将该支护体系应用于矿井巷道支护工程实践,锚网索喷联合支护效果较好,该方法可有效控制软岩巷道围岩变形。

10.2 展　　望

露天转地下开采是边坡与地下开采所组成的"露井二元复合采动系统"应力场、位移场、变形破坏场不断演化的过程,所有矿山压力现象都是随着矿体采出、应力重新分布及岩体的位移运动与变形破坏所引起的。因此研究露天转地下开采后层状高陡岩质边坡与地下开采耦合作用下岩体的采动演化(应力场、位移场、变形破坏场)特征,是揭示露天转地下开采后边坡与地下开采耦合作用机理的关键基础科学问题。本书针对强降雨入渗和采动卸荷耦合下高陡岩质边坡裂隙岩体的力学特性和裂隙扩展特征进行了初步的探讨和研究,取得一定的预期成果。但高陡含裂隙岩质边坡在降雨条件下和露天转地下过程中发生破坏和滑坡的影响因素众多,此外,本书未对磷矿层倾向采空区两侧以及区段矿柱下底板软岩巷道受长时载荷作用围岩流变特性进行探索,未建立磷矿层群回采与底板软岩巷道的时空关系理论体系。因此下一步准备加强以下几方面的研究。

（1）本书仅对裂隙岩体进行了单轴压缩试验和真三轴数值模拟对比试验，且仅从试样角度对其破坏特征进行了分析，对于岩体工程而言，存在尺寸效应，后期针对大型含裂隙岩质边坡在降雨条件下的破坏模式和滑坡进行深入研究，可堆积大型相似模型，进行相似试验研究。

（2）可通过岩石三轴流变试验系统，研究饱和含水状态下的裂隙岩体在强降雨入渗—采动卸荷耦合作用下的流变力学特性。

（3）可在本次研究的基础上，进而分析高陡岩质边坡裂隙岩体在强降雨入渗和采动卸荷耦合下的变形破裂演化特征、流变力学特性以及裂隙岩体由小变形发展至工程大破坏的触发条件。

（4）探讨露天开采和露天转地下开采过程中高陡岩质边坡裂隙岩体破裂演化机制与强降雨入渗及采动卸荷之间的关系，阐明强降雨入渗场、岩体裂隙场及采动卸荷应力场三者之间的相互影响机理及时间效应。

（5）研制露天转地下开采专门形似模拟试验设备。

参 考 文 献

[1] 常来山. 节理岩体采动损伤与稳定[M]. 北京: 冶金工业出版社, 2014: 1-2.

[2] 工业和信息化部, 科学技术部, 自然资源部. "十四五"原材料工业发展规划[R]. 北京: 工业和信息化部原材料工业司, 2021.

[3] 田旭芳, 李兵, 邹克. 德兴铜矿富家坞矿区地质灾害现状及危险性评估[J]. 资源信息与工程, 2016, 31(5): 53-54.

[4] 刘懿, 史先锋, 吴鹏, 等. 全国非煤矿山总量情况统计分析及监管建议[J]. 中国安全生产科学技术, 2019, 15(10): 6.

[5] Wong R H C, Law C M, Chau K T, et al. Crack propagation 3-D surface fractures and marble specimens under uniaxial compression[J]. International Journal of Rock Mechanics and Mining Sciences, 2004, 41(3): 37-42.

[6] Prudencio M, Van Sint Jan M. Strength and failure modes of rock mass models with non-persistent joints[J]. International Journal of Rock Mechanics and Mining Sciences, 2007, 44(6): 890-902.

[7] Park C H, Bobet A. Crack initiation, propagation and coalescence from frictional flaws in uniaxial compression[J]. Engineering Fracture Mechanics, 2010, 77(14): 2727-2748.

[8] Amann F, Kaiser P, Buttin E A. Experimental study of brittle behavior of clay shale in rapid triaxle compression[J]. Rock Mechanics and Rock Engineering, 2012, 45(1): 21-33.

[9] 张波, 李术才, 杨学英, 等. 含交叉多裂隙类岩石材料单轴压缩力学性能研究[J]. 岩石力学与工程学报, 2015, 34(9): 1777-1785.

[10] 黄彦华, 杨圣奇, 鞠杨, 等. 断续裂隙类岩石材料三轴压缩力学特性试验研究[J]. 岩土工程学报, 2016, 38(7): 1112-1220.

[11] 马永尚, 陈卫忠, 杨典森, 等. 基于三维数字图像相关技术的脆性岩石破坏试验研究[J]. 岩土力学, 2017, 38(1): 117-123.

[12] 熊飞, 靖洪文, 苏海健, 等. 尖端相交裂隙砂岩强度与破裂演化特征试验研究[J]. 煤炭学报, 2017, 42(4): 886-895.

[13] 陈新, 孙靖亚, 杨盼, 等. 节理间距和倾角对岩体单轴压缩破碎规律的影响[J]. 采矿与安全工程学报, 2017, 34(3): 608-614.

[14] 申艳军, 杨更社, 荣腾龙, 等. 冻融循环作用下单裂隙类砂岩局部化损伤效应及端部断裂特性分析[J]. 岩石力学与工程学报, 2017, 36(3): 562-570.

[15] 管俊峰, 钱国双, 白卫峰, 等. 岩石材料真实断裂参数确定及断裂破坏预测方法[J]. 岩石力学与工程学报, 2018, 37(5): 1146-1160.

[16] 付安琪, 蔚立元, 苏海健, 等. 循环冲击损伤后大理岩静态断裂力学特性研究[J]. 岩石力学与工程学报, 2019, 38(10): 2021-2030.

[17] Li X S, Li Q H, Hu Y J, et al. Evolution characteristics of mining fissures in overlying strata of stope after converting from open-pit to underground[J]. Arabian Journal of Geosciences, 2021, 14(24): 1-18.

[18] Zhang X, Li X S, Liu Y H, et al. Experimental study on crack propagation and failure mode of fissured shale under uniaxial compression[J]. Theoretical and Applied Fracture Mechanics, 2022, 121: 1-16.

[19] 刘刚, 赵坚, 宋宏伟, 等. 断续节理岩体中围岩破裂区的试验研究[J]. 中国矿业大学学报, 2008, 37(1): 62-66.

[20] 袁亮, 顾金才, 薛俊华, 等. 深部围岩分区破裂化模型试验研究[J]. 煤炭学报, 2014, 39(6): 987-993.

[21] 张绪涛, 张强勇, 向文, 等. 深部层状节理岩体分区破裂模型试验研究[J]. 岩土力学, 2014, 35(8): 2247-2254.

[22] 钟志彬, Hu X Z, 邓荣贵, 等. 含裂隙充填节理岩体的压剪断裂机制研究[J]. 岩石力学与工程学报, 2018, 37(S1): 3320-3331.

[23] 刘波, 杨亚刚. 基于离散裂隙网络与离散元耦合方法的礼让隧道岩体力学参数确定[J]. 科学技术与工程, 2020, 20(23): 9567-9573.

[24] Geng J B, Li Q H, Li X S, et al. Research on the evolution characteristics of rock mass response from open-pit to underground mining[J]. Advances in Materials Science and Engineering, 2021, 2021: 1-15.

[25] Wong R H C, Tang C A, Chau K T, et al. Splitting failure in brittle rocks containing pre-existing flaws under uniaxial compression[J]. Engineering Fracture Mechanics, 2002, 69(17): 1853-1871.

[26] Yuan S C, Harrison J P. A review of the state of the art in modelling progressive mechanical breakdown and associated fluid flow in intact heterogeneous rocks[J]. International Journal of Rock Mechanics and Mining Sciences, 2006, 43(7): 1001-1022.

[27] 杨圣奇, 黄彦华. 双孔洞裂隙砂岩裂纹扩展特征试验与颗粒流模拟[J]. 应用基础与工程科学学报, 2014, 22(3): 584-597.

[28] Maximiliano R V, Michel V S J, Loren L. Numerical model for the study of the strength and failure modes of rock containing non-persistent joints[J]. Rock Mechanics and Rock Engineering, 2016, 49(4): 1211-1226.

[29] 孟凡非, 浦海, 陈家瑞, 等. 基于颗粒离散元的薄基岩裂隙扩展规律[J]. 煤炭学报, 2017, 42(2): 421-428.

[30] 郎丁, 伍永平, 郭峰, 等. 综放采场顶煤介态转化临界位置研究[J]. 采矿与安全工程学报, 2019, 36(5): 879-888.

[31] 张鸿, 张榜, 丰浩然, 等. 基于 DEM-CFD 耦合方法的煤系土边坡失稳机理宏细观分析[J]. 工程科学与技术, 2021, 53(4): 63-72.

[32] 禹海涛, 胡晓锟, 李天斌. 基于 Hoek-Brown 准则的非常规态型近场动力学弹塑性模型[J]. 同济大学学报(自然科学版), 2022, 50(9): 1212, 1215-1222.

[33] Calvello M, Cascini L, Sorbino G. A numerical procedure for predicting rainfall-induced movements of active landslides along pre-existing slip surfaces[J]. International Journal for Numerical and Analytical Methods in Geo-mechanics, 2008, 32(4): 327-351.

[34] Jeong S, Kim J, Lee K. Effect of clay content on well-graded sands due to infiltration[J]. Engineering Geology, 2008, 102(1-2): 74-81.

[35] Zhang J, Huang H W, Zhang L M, et al. Probabilistic prediction of rainfall-induced slope failure using a mechanics-based model[J]. Engineering Geology, 2014, 168(1): 129-140.

[36] 李龙起, 罗书学, 王运超, 等. 不同降雨条件下顺层边坡力学响应模型试验研究[J]. 岩石力学与工程学报, 2014, 33(4): 755-762.

[37] 乔兰, 姜波, 庞林祥, 等. 降雨入渗对板岩边坡稳定的影响及加固措施研究[J]. 岩土学报, 2015, 36(S2): 545-550.

[38] 杨晓杰, 侯定贵, 郝振立, 等. 南芬露天铁矿高陡边坡失稳与降雨相关性研究[J]. 岩石力学与工程学报, 2016, 35(S1): 3232-3240.

[39] 曾铃, 史振宁, 付宏渊, 等. 降雨入渗对边坡暂态饱和区分布特征的影响[J]. 中国公路学报, 2017, 30(1): 25-34.

[40] Yeh P, Lee K Z Z, Chang K. 3D Effects of permeability and strength anisotropy on the stability of weakly cemented rock slopes subjected to rainfall infiltration[J]. Engineering Geology, 2020, 266: 105459.

[41] Zhang Z P, Fu X D, Sheng Q, et al. Stability of cracking deposit slope considering parameter deterioration subjected to rainfall[J]. International Journal of Geomechanics, 2021, 21(7): 1-19.

[42] Li Q H, Song D Q, Yuan C M, et al. An image recognition method for the deformation area of open-pit rock slopes under variable rainfall[J]. Measurement, 2022, 188: 110544.

[43] Richard K B, Hao L, Allan M. The transition from open pit to underground mining: an unusual slope failure mechanism at palabra[C]//Proceedings of the International Symposium on Stability of Rock Slopes in Open Pit Mining and Civil Engineering, Cape Town, South Africa, 2006.

[44] 常来山, 李绍臣, 颜廷宇. 基于岩体损伤模拟的露井联采边坡稳定性[J]. 煤炭学报, 2014, 39(S2): 359-365.

[45] 王东, 王前领, 曹兰柱, 等. 露井联采逆倾边坡稳定性数值模拟[J]. 安全与环境学报, 2015, 15(1): 15-20.

[46] 丁鑫品, 王振伟, 李伟. 采动边坡失稳的动力过程及典型变形破坏机理[J]. 煤炭学报, 2016, 41(10): 2606-2611.

[47] 孙世国, 张玉娟, 张英海, 等. 露天地下同期开采对边坡变形影响机制研究[J]. 金属矿山, 2016, 485(11): 58-62.

[48] 刘姝, 唐建新, 代张音, 等. 基于弹性理论的软弱顺层岩质边坡受采动影响研究[J]. 安全与环境学报, 2018, 18(2): 491-496.

[49] 钟祖良, 王南云, 李滨, 等. 采动作用下上硬下软型缓倾岩质高边坡变形机理试验研究[J]. 中国岩溶, 2020, 39(4): 509-517.

[50] 王孟来, 李小双, 王运敏, 等. 露天转地下房柱法开采扰动下采场稳定性研究[J]. 矿冶工程, 2022, 42(2): 32-37.

[51] Dashnor H, Albert G, Françoise H. Modeling long-term behavior of natural gypsum rock[J]. Mechanics of Materials, 2005, 37(12): 1223-1241.

[52] Shao J F, Chau K T, Feng X T. Modeling of anisotropic damage and creep deformation in brittle rocks[J]. International Journal of Rock Mechanics and Mining Sciences, 2006, 43(4): 582-592.

[53] 孙金山, 陈明, 姜清辉, 等. 锦屏大理岩蠕变损伤演化细观力学特征的数值模拟研究[J]. 岩土力学, 2013, 34(12): 3601-3608.

[54] 邵珠山, 李晓照. 基于细观力学的脆性岩石蠕变损伤特性研究[J]. 固体力学学报, 2015, 36(S1): 44-49.

[55] 陆银龙, 王连国. 基于微裂纹演化的岩石蠕变损伤与破裂过程的数值模拟[J]. 煤炭学报, 2015, 40(6): 1276-1283.

[56] 刘传孝, 王龙, 张晓雷, 等. 不同围压下深井煤岩短时蠕变试验的细观损伤机制分析[J]. 岩土力学, 2017, 38(9): 2583-2588.

[57] 邓华锋, 支永艳, 段玲玲, 等. 水-岩作用下砂岩力学特性及微细观结构损伤演化[J]. 岩土力学, 2019, 40(9): 3447-3456.

[58] 陈国庆, 唐辉明, 胡凯云, 等. 基于非均质流变特性的滑坡时效演化及预警研究[J]. 岩石力学与工程学报, 2022, 41(9): 1795-1809.

[59] Gasc-Barbier M, Chanchole S, Bérest P. Creep behavior of Bure clayey rock[J]. Applied Clay Science, 2004, 26(4): 449-458.

[60] Shin K, Okubo S, Fukui K, et al. Variation in strength and creep life of six Japanese rocks[J]. International Journal of Rock Mechanics and Mining Sciences, 2005, 42(2): 251-260.

[61] 王军保, 刘新荣, 郭建强, 等. 盐岩蠕变特性及其非线性本构模型[J]. 煤炭学报, 2014, 39(3): 445-451.

[62] 王宇, 李建林, 左亚, 等. 不同卸荷路径下贯通裂隙岩体流变试验研究[J]. 岩石力学与工程学报, 2015, 34(S1): 2900-2908.

[63] 牛双建, 党元恒, 冯文林, 等. 损伤破裂砂岩单轴蠕变特性试验研究[J]. 岩土力学, 2016, 37(5): 1249-1258.

[64] 蔡燕燕, 孙启超, 俞缙, 等. 蠕变作用后大理岩强度与变形特性试验研究[J]. 岩石力学与工程学报, 2017,

　　　　36(11): 2767-2777.

[65] 杨超, 黄达, 蔡睿, 等. 张开穿透型单裂隙岩体三轴卸荷蠕变特性试验[J]. 岩土力学, 2018, 39(1): 53-62.

[66] Wang Q Y, Liu F. Numerical simulation of creep failure process of mine surrounding rock[J]. Mine Engineering, 2019, 7(2): 188-195.

[67] Mu W Q, Li L C, Chen D Z. Long-term deformation and control structure of rheological tunnels based on numerical simulation and on-site monitoring[J]. Engineering Failure Analysis, 2020, 118: 104928.

[68] Zhang Q G, Wang L Z, Zhao P F, et al. Mechanical properties of lamellar shale considering the effect of rock structure and hydration from macroscopic and microscopic points of view[J]. Applied Sciences, 2022, 12: 1026.

[69] Zhao Y L, Cao P, Wang W J, et al. Wing crack model subjected to high hydraulic pressure and far field stresses and its numerical simulation [J]. Journal of Central South University, 2012, 19(2): 578-585.

[70] 王瑞, 沈振中, 陈孝兵. 基于COMSOL Multiphysics的高拱坝渗流—应力全耦合分析[J]. 岩石力学与工程, 2013, 32(S2): 3197-3204.

[71] 刘焕新, 蔡美峰, 郭奇峰. 渗流作用下边坡稳定性模糊评判与边坡角优化[J]. 有色金属(矿山部分), 2013, 65(3): 66-69.

[72] 肖维民, 夏才初, 邓荣贵. 岩石节理—应力渗流耦合试验系统研究进展[J]. 岩石力学与工程学报, 2014, 33(S2): 3456-3465.

[73] 谢和平, 张泽天, 高峰, 等. 不同开采方式下煤岩应力场—裂隙场—渗流场行为研究[J]. 煤炭学报, 2016, 41(10): 2405-2417.

[74] 王伟, 陈曦, 田振元, 等. 不同排水条件下砂岩应力渗流耦合试验研究[J]. 岩石力学与工程学报, 2016, 35(S2): 3540-3551.

[75] 赵延林, 曹平, 马文豪, 等. 岩体裂隙渗流-劈裂—损伤耦合模型及应用[J]. 中南大学学报(自然科学版), 2017, 48(3): 794-803.

[76] Tian Z X, Zhang W S, Dai C Q, et al. Permeability model analysis of combined rock mass with different lithology[J]. Arabian Journal of Geosciences, 2019, 12(24): 1-13.

[77] Wang S H, Yang T J, Zhang Z, et al. Unsaturated seepage-stress-damage coupling and dynamic analysis of stability on discrete fractured rock slope[J]. Environmental Earth Sciences, 2021, 80(18): 1-23.

[78] Wang P F, Xie Y S. Numerical simulation of fracture failure characteristics of rock-mass with multiple nonparallel fractures under seepage stress coupling[J]. Geotechnical and Geological Engineering, 2022, 40(5): 2769-2779.

[79] 李毅. 德兴铜矿黄牛前边坡稳定性分析[J]. 现代矿业, 2011, 27(6): 10-12, 15.

[80] 罗毅超. 基于激光点云及地质数据的露天金属矿爆破后矿石界线预测研究—以德兴铜矿为例[M]. 赣州: 江西理工大学, 2019.

[81] 何怡, 陈学军. 基于 GSI 露天矿边坡岩体参数的获取与稳定性分析[J]. 工业安全与环保, 2017, 43(5): 40-43.

[82] 邓超, 胡焕校, 张天乐, 等. 基于改进极限学习机模型的岩质边坡稳定性评价与参数反演[J]. 中国地质灾害与防治学报, 2020, 31(3): 1-10.

[83] 刘立鹏, 姚磊华, 陈洁, 等. 基于 Hoek-Brown 准则的岩质边坡稳定性分析[J]. 岩石力学与工程学报, 2010, 29(A1): 2879-2886.

[84] 黄磊, 唐辉明, 葛云峰, 等. 适用于半迹长测线法的岩体结构面直径新试算法[J]. 岩石力学与工程学报, 2012, 31(1): 140-153.

[85] 马超, 唐自航, 倪春中. 昆明市梁王山地区节理及断层构造分析[J]. 有色金属(矿山部分), 2018, 70(6): 50-53, 62.

[86] 王鹏, 李晓昭, 章杨松, 等. 基于 GIS 的甘肃北山花岗岩裂隙密度地质统计分析[J]. 工程地质学报, 2013, 21(1): 115-122.

[87] 陈丽芹, 陈承, 高兆全, 等. 基于赤平极射投影法的优势结构面分析[J]. 科技创新导报, 2014, 11(28): 108-110, 112.

[88] Ma S S, Chen W Z, Zhao W S. Mechanical properties and associated seismic isolation effects of foamed concrete layer in rock tunnel[J]. Journal of Rock Mechanics and Geotechnical Engineering, 2019, 11(1): 159-171.

[89] Shi L K, Zhou H, Song M, et al. Geomechanical model test for analysis of surrounding rock behaviours in composite strata[J]. Journal of Rock Mechanics and Geotechnical Engineering, 2021, 13(4): 774-786.

[90] Zhang T, Yu L Y, Peng Y X, et al. Influence of grain size and basic element size on rock mechanical characteristics: insights from grain-based numerical analysis[J]. Bulletin of Engineering Geology and the Environment, 2022, 81(9): 1-23.

[91] Alzabeebee S, Mohammed D A, Alshkane Y M. Experimental study and soft computing modeling of the unconfined compressive strength of limestone rocks considering dry and daturation conditions[J]. Rock Mechanics and Rock Engineering, 2022, 55: 5535-5554.

[92] Islam M, Skalle P. An experimental investigation of shale mechanical properties through drained and undrained test mechanisms[J]. Rock Mechanics and Rock Engineering, 2013, 46(6): 1391-1413.

[93] Huang Y G, Wang L G, Lu Y L, et al. Semi-analytical and numerical studies on the flattened brazilian splitting test used for measuring the indirect tensile strength of rocks[J]. Rock Mechanics and Rock Engineering, 2015, 48(5): 1849-1866.

[94] Li P, Cai M F, Gao Y B, et al. Macro/mesofracture and instability behaviors of jointed rocks containing a cavity under uniaxial compression using AE and DIC techniques[J]. Theoretical and Applied Fracture Mechanics, 2022, 122: 103620.

[95] Luo Y, Gong F Q, Zhu C Q. Experimental investigation on stress-induced failure in D-shaped hard rock tunnel under water-bearing and true triaxial compression conditions[J]. Bulletin of Engineering Geology and the Environment, 2022, 81(2): 1-18.

[96] 傅鹤林, 刘运思, 李凯, 等. 裂隙损伤岩体在渗流作用下的边坡稳定性分析[J]. 中国公路学报, 2013, 26(4): 29-35.

[97] 杨舜. 强降雨入渗—采动卸荷耦合下裂隙岩体变形破裂特征研究[D]. 赣州: 江西理工大学, 2021.

[98] 李启航. 强降雨入渗—采动卸荷耦合下裂隙高陡岩质边坡的稳定性演化机制研究[D]. 赣州: 江西理工大学, 2022.

[99] 付志亮. 岩石力学试验教程[M]. 北京: 化学工业出版社, 2011.

[100] 电力工业部, 水利部. 水利水电工程岩石试验规程[M]. 北京: 水利出版社, 1982.

[101] 郑雨天, 傅冰骏, 卢世宗. 国际岩石力学学会实验室和现场实验标准化委员会[M]. 北京: 煤炭工业出版社, 1982.

[102] 于超云, 唐世斌, 唐春安. 含水率对红砂岩瞬时和蠕变力学性质影响的试验研究[J]. 煤炭学报, 2019, 44(2): 473-481.

[103] 俞缙, 赵维炳, 苏天明, 等. 岩石超声波信号的小波时频分析[J]. 地下空间与工程学报, 2007, 3(6): 1094-1098.

[104] 赵红鹤, 杨小林, 高富强, 等. 不同含水率岩石试样制备方法探讨[J]. 洛阳理工学院学报(自然科学版), 2014, 24(1): 4-7.

[105] Martin C D, Chandler N A. The progressive fracture of Lac du Bonnet granite[J]. International Journal of Rock

Mechanics and Mining Sciences and Geomechanics Abstracts, 1995, 32(4): 643-659.

[106] 彭成, 李鑫, 涂福豪, 等. 水—热环境对泥岩的力学特性影响试验研究[J]. 南华大学学报(自然科学版), 2021, 35(4): 49-55.

[107] 王凯, 蒋一峰, 徐超. 不同含水率煤体单轴压缩力学特性及损伤统计模型研究[J]. 岩石力学与工程学报, 2018, 37(5): 1070-1079.

[108] 顾斌. 热力耦合作用下岩体物理力学特性及煤炭地下气化特征场研究[D]. 徐州: 中国矿业大学, 2021.

[109] 王瑾. 冻融—受荷作用下裂隙岩体破裂演化机制与数值模拟研究[D]. 武汉: 武汉科技大学, 2021.

[110] 刘艳章, 王瑾, 尹东, 等. 冻融作用下单裂隙类砂岩冻胀力与强度变化规律研究[J]. 矿冶工程, 2021, 41(6): 115-119.

[111] 吴月秀. 粗糙节理网络模拟及裂隙岩体水力耦合特性研究[D]. 武汉: 中国科学院研究生院(武汉岩土力学研究所), 2010.

[112] 宁湃. 冷热循环后变角度裂隙花岗岩损伤力学行为研究[D]. 徐州: 中国矿业大学, 2020.

[113] 李冰洋. 高应力与水岩作用下脆性页岩力学特性与本构模型研究[D]. 北京: 中国科学院大学, 2020.

[114] 曹瑞琅. 考虑残余强度和损伤的岩体应力场—渗流场耦合理论研究及工程应用[D]. 北京: 北京交通大学, 2013.

[115] 张宝玉. 断续节理围岩开挖卸载变形破坏及支护作用[D]. 太原: 太原理工大学, 2021.

[116] Francisco R B, Fredrik J, Diego M I, et al. Using PFC²D to simulate the shear behaviour of joints in hard crystalline rock[J]. Bulletin of Engineering Geology and the Environment, 2022, 81(9): 1-19.

[117] Zeng W, Ye Y F, Kuang Z M, et al. Three-dimensional model reconstruction and numerical simulation of the jointed rock specimen under conventional triaxial compression[J]. International Journal for Numerical and Analytical Methods in Geomechanics, 2022, 46(10): 1851-1873.

[118] Feng X G, Zhang J Y, Xu P M, et al. PFC optimization control strategy research on hydraulic vibration servo system[J]. Journal of Vibration Engineering, 2017, 30(3): 389-396.

[119] Liu C, Li S C, Zhou Z Q, et al. Numerical analysis of surrounding rock stability in super-large section tunnel based on hydro-mechanical coupling model[J]. Geotechnical and Geological Engineering, 2019, 37(3): 1297-1310.

[120] Ma Z T, Cui Y Q, Yang Y C, et al. Study on fracture and seepage characteristics of rock mass with high water pressure caused by unloading[J]. E3S Web of Conferences, 2021, 303: 1055.

[121] Chen Z Q, Ma C C, Li T B, et al. Experimental investigation of the failure mechanism of deep granite under high seepage water pressure and strong unloading effect[J]. Acta Geotechnica, 2022, 17: 5009-5030.

[122] 唐佳, 彭振斌, 何忠明. 基于连续介质的裂隙岩体流固耦合数值分析[J]. 中南大学学报(自然科学版), 2016, 47(11): 3800-3807.

[123] 郭佳奇, 陈建勋, 陈帆, 等. 岩溶隧道断续节理掌子面突水判据及灾变过程[J]. 中国公路学报, 2018, 31(10): 118-129.

[124] 刘晓丽, 林鹏, 韩国锋, 等. 裂隙岩质边坡渗流与非连续变形耦合过程分析[J]. 岩石力学与工程学报, 2013, 32(6): 1248-1256.

[125] 路为, 白冰, 陈从新. 岩质顺层边坡的平面滑移破坏机制分析[J]. 岩土力学, 2011, 32(S2): 204-207.

[126] 胡其志, 周辉, 肖本林, 等. 水力作用下顺层岩质边坡稳定性分析[J]. 岩土力学, 2010, 31(11): 3594-3598.

[127] 郝保钦, 张昌锁, 王晨龙, 等. 岩石 PFC²D 模型细观参数确定方法研究[J]. 煤炭科学技术, 2022, 50(4): 132-141.

[128] 李彦伟, 姜耀东, 杨英明, 等. 煤单轴抗压强度特性的加载速率效应研究[J]. 采矿与安全工程学报, 2016, 33(4): 754-760.

[129] 赵汉云. 超高压水射流作用下煤-砂岩-页岩冲蚀破坏特征的实验研究[D]. 重庆: 重庆大学, 2020.

[130] 梁成, 杨永. 四川马边地区筇竹寺组发现与铅锌矿共生的萤石矿[J]. 地质与资源, 2022, 31(1): 121.

[131] 阎要锋, 王公忠, 严敏嘉, 等. 地下巷道对近区爆破动荷载的响应特性研究[J]. 爆破, 2021, 38(3): 75-81.

[132] Li X S, Yang S, Wang Y M, et al. Macro-micro response characteristics of surrounding rock and overlying strata towards the transition from open-pit to underground mining[J]. Geofluids, 2021, 2021: 1-16.

[133] Yang J H, Lu W B, Chen M, et al. Microseism induced by transient release of in situ stress during deep rock mass excavation by blasting[J]. Rock Mechanics and Rock Engineering, 2013, 46(4): 859-875.

[134] 蔡美峰, 何满潮, 刘东燕. 岩石力学与工程[M]. 北京: 科学出版社, 2002.

[135] Kozyrev A A, Semenova I E, Zemtsovskiy A V. Investigation of geomechanical features of the rock mass in mining of two contiguous deposits under tectonic stresses[J]. Procedia Engineering, 2017, 191: 324-331.

[136] 武鹏飞, 田取珍. 构造破碎带巷道注浆加固技术研究[J]. 采矿技术, 2010, 2(2): 18-20.

[137] Shen W B, Yu W J, Pan B, et al. Rock mechanical failure characteristics and energy evolution analysis of coal-rock combination with different dip angles[J]. Arabian Journal of Geosciences, 2022, 15(1): 1-14.

[138] Zakharova L M. Modeling of the irreversible deformation of soils and rock masses by the methods of the theory of elasticity[J]. Materials Science, 2018, 53(5): 666-673.

[139] Xu J C, Pu H, Sha Z H. Dynamic mechanical behavior of the frozen red sandstone under coupling of saturation and impact loading[J]. Applied Sciences, 2022, 12(15): 7767.

[140] Bashmagh N M, Lin W R, Murata S, et al. Magnitudes and orientations of present-day in-situ stresses in the kurdistan region of iraq: insights into combined strike-slip and reverse faulting stress regimes[J]. Journal of Asian Earth Sciences, 2022, 239: 105398.

[141] Belostotsky I I. Suture zones and general mechanism of nappe-edifice formation[J]. Tectonophysics, 1986, 127(3-4): 399-408.

[142] Wang Y, Li J H, Zhang Y, et al. Genetic model of lower cretaceous salt tectonics in passive continental margin basin of middle South Atlantic[J]. Acta Geologica Sinica, 2022, 96(4): 1-5.

[143] 王立忠, 冯永冰. 倾斜坡体中水工高压隧洞围岩应力场特性分析[J]. 岩石力学与工程学报, 2004, 23(23): 4038-4046.

[144] 王千. 龙滩工程地下洞室群围岩稳定和支护参数研究[D]. 南京: 河海大学, 2005.

[145] 沈荣喜, 侯振海, 王恩元, 等. 基于三向应力监测装置的地应力测量方法研究[J]. 岩石力学与工程学报, 2019, 38(S2): 3618-3624.

[146] 彭涛. 露天转地下开采对矿岩稳定性影响的研究[D]. 武汉: 武汉理工大学, 2003.

[147] 董鹏. 山西大同煤矿地应力测量及其地应力场反演分析[D]. 北京: 北京科技大学, 2007.

[148] 高阳, 郭鹏, 李晓, 等. 不同类型储层岩石三轴压缩变形破裂与声发射特征研究[J]. 工程地质学报, 2022, 30(4): 1169-1178.

[149] 张艳博, 杨震, 姚旭龙, 等. 花岗岩巷道岩爆声发射信号及破裂特征实验研究[J]. 煤炭学报, 2018, 43(1): 95-104.

[150] 姚旭龙, 张艳博, 刘祥鑫, 等. 岩石破裂声发射关键特征信号优选方法[J]. 岩土力学, 2018, 39(1): 375-384.

[151] 彭冠英. 基于小波分析的岩石声发射凯塞点修正及浮动阈值研究[D]. 重庆: 重庆大学, 2016.

[152] 叶金汉, 吴铭江, 季良杰, 等. 径向千斤顶法测定岩石变形特性的研究[J]. 水利学报, 1980, 3: 37-51.

[153] 马铨峥, 杨胜来, 吕道平, 等. 致密性储层物性特征及启动压力梯度规律研究—以新疆吉木萨尔盆地芦草沟组为例[J]. 科学技术与工程, 2016, 16(24): 42-47.

[154] 刘跃东, 林健, 冯彦军, 等. 基于水压致裂法的岩石抗拉强度研究[J]. 岩土力学, 2018, 39(5): 1781-1788.

[155] 李长洪, 张吉良, 蔡美峰, 等. 大同矿区地应力测量及其与地质构造的关系[J]. 北京科技大学学报, 2008, 30(2): 115-119.

[156] Goodman R E. Sub audible noise during compression of rock[J]. Geological Society of America Bulletin, 1963, 74(4): 487-490.

[157] 张景和, 刘翔鄂, 刘勇谦. 利用岩石声发射 Kaiser 效应测地应力的新方法[J]. 岩石力学与工程学报, 1987, 6(4): 347-356.

[158] 李曼, 秦四清, 马平. 利用岩石声发射凯塞效应测定岩体地应力[J]. 工程地质学报, 2008, 16(6): 833-838.

[159] Carabelli E, Federici P, Graziano F, et al. A location of AE sources in the rock foundation of the passante dam[J]. Engineering Fracture Mechanics, 1990, 35(3): 599-606.

[160] 鲍洪志, 孙连环, 于玲玲, 等. 利用岩石声发射 Kaiser 效应求取地应力[J]. 断块油气田, 2009, 16(6): 94-96.

[161] Rao M, Kusunose K. Failure zone development in andesite as observed from acoustic emission locations and velocity changes[J]. Physics of the Earth and Planetary Interiors, 1995, 88(2): 131-143.

[162] Nelson P P, Glaser S D. Acoustic emissions produced by discrete fracture in rock Part 1-Source location and orientation effects[J]. International Journal of Rock Mechanics and Mining Science and Geomechanics Abstracts, 1992, 29(3): 237-251.

[163] Lockner D. The role of acoustic emission in the study of rock fracture[J]. International Journal of Rock Mechanics and Mining Sciences and Geomechanics Abstracts, 1993, 30(7): 883-899.

[164] 许江, 耿加波, 彭守建, 等. 不同含水率条件下煤与瓦斯突出的声发射特性[J]. 煤炭学报, 2015, 40(5): 1047-1054.

[165] 王璐, 刘建锋, 裴建良, 等. 细砂岩破坏全过程渗透性与声发射特征试验研究[J]. 岩石力学与工程学报, 2015, 34(S1): 2909-2914.

[166] 许江, 唐晓军, 李树春, 等. 循环载荷作用下岩石声发射时空演化规律[J]. 重庆大学学报, 2008, 31(6): 672-676.

[167] 许江, 李树春, 唐晓军, 等. 单轴压缩下岩石声发射定位实验的影响因素分析[J]. 岩石力学与工程学报, 2008, 27(4): 765-772.

[168] 姜永东, 鲜学福, 许江. 岩石声发射 Kaiser 效应应用于地应力测试的研究[J]. 岩土力学, 2005, 26(6): 946-950.

[169] Zhao K, Ma H L, Yang C H, et al. The role of prior creep duration on the acoustic emission characteristics of rock salt under cyclic loading[J]. International Journal of Rock Mechanics and Mining Sciences, 2022, 157: 105166.

[170] 冯英. 岩石声发射 Kaiser 效应测定地应力研究及工程应用[J]. 焦作工学院学报, 1997, 16(4): 12-16.

[171] 魏伟, 付小敏. 岩石声发射 Kaiser 效应测试玄武岩地应力应用[J]. 山西建筑, 2010, 36(2): 130-132.

[172] 王祥, 孙来顺, 黄斌. 声发射技术在地应力测量中的研究现状[J]. 中国水运, 2009, 9(1): 195-196.

[173] 李庶林, 尹贤刚, 王泳嘉, 等. 单轴受压岩石破坏全过程声发射特征研究[J]. 岩石力学与工程学报, 2004, 23(15): 2499-2503.

[174] 付小敏, 王旭东. 利用岩石声发射测试地应力数据处理方法的研究[J]. 实验室研究与探索, 2007, 26(11): 296-299.

[175] 马青力. 应用 Kaiser 效应测定某水电站右坝肩地应力[J]. 水土保持研究, 2005, 12(6): 248-250.

[176] 薛亚东, 高德利. 声发射地应力测量中凯塞点的确定[J]. 石油大学学报(自然科学版), 2000, 24(5): 1-4.

[177] 郑志军, 张金彪, 王文娟. 利用岩石声发射效应测定海孜煤矿地应力[J]. 煤田地质与勘探, 2008, 36(2): 68-72.

[178] Zhang X. Numerical simulation study on the detection of weak structural plane of rock slope by using 3D electrical

resistivity tomography[J]. Engineering, 2016, 8(7): 438-444.

[179] Zhu J L, Huang R Q. Study on stability of talus slope in front of a dam in a huge hydroelectric station by using 3D numerical simulation[J]. Rock and Soil Mechanics, 2005, 26(8): 1318-1322.

[180] Wei Y H, Liu F. Numerical simulation analysis of the rockburst mechanism in the tunnel with high geostress[J]. Modern Tunnelling Technology, 2020, 57(6): 46-54.

[181] Dehghan A N, Goshtasbi K, Ahangari K, et al. 3D numerical modeling of the propagation of hydraulic fracture at its intersection with natural (pre-existing) fracture[J]. Rock Mechanics and Rock Engineering, 2017, 50(2): 367-386.

[182] Khorrami Z, Banihashemi M A. Improving multi-block sigma-coordinate for 3D simulation of sediment transport and steep slope bed evolution[J]. Applied Mathematical Modelling, 2019, 67: 378-398.

[183] 梅瑞斌, 包立, 刘相华. 塑性力学教学中 Mises 屈服准则几何轨迹证明[J]. 力学与实践, 2022, 44(4): 955-959.

[184] 庄妍, 王康宇. 基于 Von-Mises 屈服准则的结构安定性研究[J]. 地下空间与工程学报, 2016, 12(A1): 170-174, 191.

[185] 张德, 刘恩龙, 刘星炎, 等. 基于修正 Mohr-Coulomb 屈服准则的冻结砂土损伤本构模型[J]. 岩石力学与工程学报, 2018, 37(4): 978-986.

[186] 周永强, 盛谦, 刘芳欣, 等. 一种修正的 Drucker-Prager 屈服准则[J]. 岩土力学, 2016, 37(6): 1657-1664.

[187] 张雪东, 陈剑平, 黄润秋, 等. 呷爬滑坡稳定性的 3D-Sigma 数值模拟分析[J]. 公路, 2006, 5: 135-139.

[188] 毕经东, 朱永全, 李文江. 北京地铁天坛东门站中洞法施工地表沉降数值模拟[J]. 石家庄铁道学院学报, 2006, 19(4): 70-73.

[189] 任松, 姜德义, 刘新荣, 等. 用 3D-Sigma 分析岩盐溶腔围岩地应力场[J]. 地下空间, 2003, 23(4): 414-417.

[190] 赵杰, 邵龙潭. 有限元稳定分析法在确定土体结构极限承载力中的应用[J]. 水利学报, 2006, 37(6): 668-673.

[191] 朱正国. 隧道顶管预支护技术研究[D]. 石家庄: 石家庄铁道学院, 2004.

[192] 陈俊智, 庙延钢, 杨溢, 等. 金川龙首矿深部开采的数值模拟分析研究[J]. 矿业研究与开发, 2006, 26(4): 13-16.

[193] 郭文兵, 杨伟强, 马志宝, 等. 建筑载荷作用下采空区覆岩结构稳定性判据及应用[J]. 煤炭学报, 2022, 47(6): 2207-2217.

[194] Li X S, Liu Z F, Yang S. Similar physical modeling of roof stress and subsidence in room and pillar mining of a gently inclined medium-thick phosphate rock[J]. Advances in Civil Engineering, 2021: 1-17.

[195] Ma C D, Xu J Q, Tan G S, et al. Research on supporting method for high stressed soft rock roadway in gentle dipping strata of red shale[J]. Minerals, 2021, 11(4): 1-17.

[196] Feng Z J, Zhao Y S, Feng Z C. Indeterminacy of displacement and stress of geologic rock mass system in the critically non-stationary state: Implication on prediction of geo-hazards[J]. Natural Hazards, 2021, 107(2): 1105-1124.

[197] 王志强, 赵景礼, 李泽荃. 错层位内错式采场 "三带" 高度的确定方法[J]. 采矿与安全工程学报, 2013, 30(2): 231-236.

[198] Wen H, Zhang Y, Liao X, et al. Experimental and theoretical study on non-uniform stress of u-type prestressed anchor used in pier of high arch dam[J]. Journal of the Chinese Institute of Civil and Hydraulic Engineering, 2017, 29(1): 55-62.

[199] Li C, Xu J, Fu C, et al. Mechanism and practice of rock control in deep large span cut holes[J]. Mining Science and Technology, 2011, 21(6): 891-896.

[200] Wang H Y, Yao X B, Zhang Y, et al. Monitoring and analysis of excavation based on supporting structures of double-row piles and prestressed anchor cables[J]. Chinese Journal of Geotechnical Engineering, 2014, 36:

446-450.

[201] 钱鸣高, 石平五, 许家林. 矿山压力与岩层控制[M]. 徐州：中国矿业大学出版社, 2010.

[202] 刘玉涛. 枣泉矿大断面煤巷联合支护技术研究[D]. 西安：西安科技大学, 2007.

[203] 李德志. 木瓜煤矿日产万吨综采工作面设备选型[J]. 煤炭技术, 2009, 28(1)：57-59.

[204] 陈上元, 何满潮, 郭志飚, 等. 深部沿空切顶成巷围岩稳定性控制对策[J]. 工程科学与技术, 2019, 51(5)：107-116.

[205] 方新秋, 何杰, 何加省. 深部高应力软岩动压巷道加固技术研究[J]. 岩土力学, 2009, 30(6)：1693-1698.

[206] 田雷. 山东七五煤矿巷道围岩稳定性分类与锚杆支护技术研究[D]. 沈阳：东北大学, 2003.

[207] 翟新献. 锚杆支护的组合拱在深井巷道支护的应用[J]. 山东煤炭科技, 1994, 4: 15-17.

[208] 宋宏伟, 牟彬善. 破裂岩石锚固组合拱承载能力及其合理厚度探讨[J]. 中国矿业大学学报, 1997, 26(2)：33-36.

[209] 李常文, 周景林, 韩洪德. 组合拱支护理论在软岩巷道锚喷设计中应用[J]. 辽宁工程技术大学学报(自然科学版), 2004, 23(5)：594-596.

[210] 弓宏飞, 张文敬, 李旭青. 组合拱支护合理参数的探讨[J]. 煤矿开采, 2002, 48(1)：42-44, 62.

[211] 潘睿. 锚杆组合拱理论在煤巷中的应用[J]. 矿山压力与顶板管理, 2002, 2: 57-58, 61.

[212] 卢国营. 高陡岩质边坡锚索框架支挡结构设计及其应用[D]. 北京: 北京交通大学, 2008.

[213] 卜珍虎. 预应力锚索在巷道掘进中的应用[J]. 煤炭技术, 2008, 27(9)：57-58.

[214] 丁秀丽, 盛谦, 韩军, 等. 预应力锚索锚固机理的数值模拟试验研究[J]. 岩石力学与工程学报, 2002, 21(7)：980-988.

[215] 唐树名, 曾祥勇, 邓安福. 预应力锚索群锚锚固边坡均质岩体的室内模型试验研究[J]. 中国公路学报, 2004, 17(3)：20-24.

[216] 朱杰兵, 韩军, 程良奎, 等. 三峡永久船闸预应力锚索加固对周边岩体力学性状影响的研究[J]. 岩石力学与工程学报, 2002, 21(6)：853-857.

[217] 朱维申, 任伟中. 船闸边坡节理岩体锚固效应的模型试验研究[J]. 岩石力学与工程学报, 2001, 20(5)：720-725.

[218] 郑筱彦, 夏元友, 张亮亮, 等. 预应力锚索(杆)群锚作用机理研究[J]. 武汉理工大学学报, 2010，32(11)：62-67.

[219] Li H C, Zhao W, Zhou K, et al. Study on the effect of bolt anchorage in deep roadway roof based on anchorage potential design method[J]. Geotechnical and Geological Engineering, 2019, 37(5)：4043-4055.

[220] Jia Z B, Tao L J, Bian J, et al. Research on influence of anchor cable failure on slope dynamic response[J]. Soil Dynamics and Earthquake Engineering, 2022, 161: 107435.

[221] Zhang Q Q, Feng R F, Xu Z H, et al. Evaluation of ultimate pullout capacity of anchor cables embedded in rock using a unified rupture shape model[J]. Geotechnical and Geological Engineering, 2019, 37(4)：2625-2637.

[222] Cui J F, Wang W J. Deformation and destruction mechanism and protection of roadway surrounding rock using critical leach grid[J]. Revista de la Facultad de Ingenieria, 2017, 32(7)：339-346.

[223] Yuan Y X, Han C L, Zhang N, et al. Zonal disintegration characteristics of roadway roof under strong mining conditions and mechanism of thick anchored and trans-boundary supporting[J]. Rock Mechanics and Rock Engineering, 2022, 55(1)：297-315.

[224] Zhan Q J, Zheng X G, Du J P, et al. Coupling instability mechanism and joint control technology of soft-rock roadway with a buried depth of 1336 m[J]. Rock Mechanics and Rock Engineering, 2020, 53(5)：2233-2248.

[225] Shi J J, Feng J C, Peng R, et al. Analysis of deformation damage in deep well roadway and supporting

countermeasures[J]. Geotechnical and Geological Engineering, 2020, 38(6): 6899-6908.

[226] 李国锋, 王九红, 刘建荣, 等. 巷道围岩锚固结构面剪切特性与破坏特征研究[J]. 山东科技大学学报(自然科学版), 2022, 41(4): 47-55.

[227] 刘永兴, 杨晓燕. 冲击地压扰动加载致灾理论与防治技术[M]. 北京: 应急管理出版社, 2019.

[228] 丁敏杰, 郭鹏飞, 彭岩岩. 含弱层巷道围岩滑移破坏规律的模拟研究[J]. 煤矿安全, 2021, 52(7): 237-244.

[229] 华心祝, 马俊枫, 许庭教. 锚杆支护巷道巷旁锚索加强支护沿空留巷围岩控制机理研究及应用[J]. 岩石力学与工程学报, 2005, 24(12): 2107-2112.

[230] 熊伟博. 锚杆支护巷道巷旁锚索加强支护沿空留巷围岩控制机理研究及应用[J]. 工程技术, 2017, 27: 293-296.